『吃个明白』系列丛书

茶 吃个明白

尹军峰◎主编

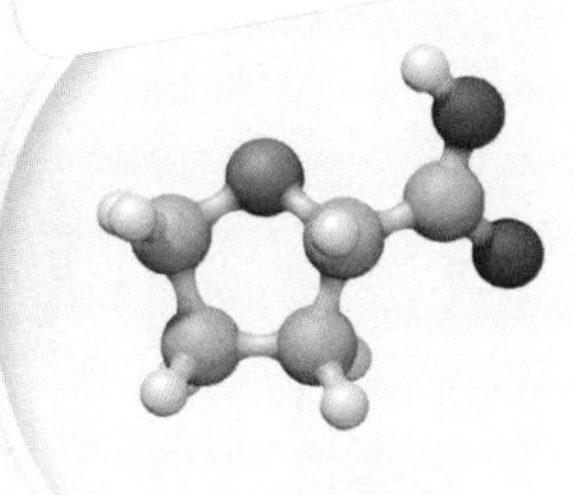

中国农业出版社
北京

图书在版编目（CIP）数据

茶吃个明白/尹军峰主编. —北京：中国农业出版社，2018.10（2019.05重印）
ISBN 978-7-109-23848-0

Ⅰ. ①茶… Ⅱ. ①尹… Ⅲ. ①茶文化－基本知识 Ⅳ. ①TS971.21

中国版本图书馆CIP数据核字（2018）第006717号

中国农业出版社出版
（北京市朝阳区麦子店街18号楼）
（邮政编码 100125）
责任编辑 程燕

北京中科印刷有限公司印刷 新华书店北京发行所发行
2018年10月第1版 2019年5月北京第2次印刷

开本：710mm×1000mm 1/16 印张：13.5
字数：220千字
定价：48.00元

丛书编写委员会

主　　编　孙　林　张建华

副 主 编　郭顺堂　孙君茂

执行主编　郭顺堂

编　　委（按姓氏笔画排序）

车会莲　毛学英　尹军峰　左　锋　吕　莹

刘博浩　何计国　张　敏　张丽四　徐婧婷

曹建康　彭文君　鲁晓翔

总 策 划　孙　林　宋　毅　刘博浩

本书编写委员会

主　　编：尹军峰

副 主 编：翁　蔚

编写人员：许勇泉　高　颖　段文华　张颖彬　曹青青

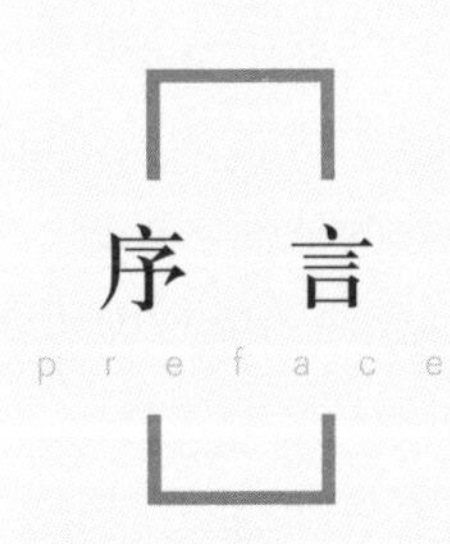

序　言

preface

民以食为天，“吃”的重要性不言而喻。我国既是农业大国，也是饮食大国，一日三餐，一蔬一饭无不凝结着中国人对“吃”的热爱和智慧。

中华饮食文化博大精深，“怎么吃”是一门较深的学问。我国拥有世界上最丰富的食材资源和多样的烹调方式，在长期的文明演进过程中，形成了美味、营养的八大菜系、遍布华夏大地的风味食品和源远流长的膳食文化。

中国人的饮食自古讲究“药食同源”。早在远古时代，就有神农尝百草以辨药食之性味的佳话。中国最早的一部药物学专著《神农本草经》载药365种，分上、中、下三品，其中列为上品的大部分为谷、菜、果、肉等常用食物。《黄帝内经》精辟指出“五谷为养，五果为助，五畜为益，五菜为充，气味和而服之，以补精益气”，成为我国古代食物营养与健康研究的集大成者。据《周礼 · 天官》记载，我国早在周朝时期，就已将宫廷医生分为食医、疾医、疡医、兽医，其中食医排在首位，是负责周王及王后饮食的高级专职营养医生，可见当时的上流社会和王公贵族对饮食的重视。

吃与健康息息相关。随着人民生活水平的提高，人们对于“吃”的需求不仅仅是“吃得饱”，而且更要吃得营养、健康。习近平总书记在党的十九大报告中强调，中国特色社会主义进入新时代，我国社会主要矛盾已经转化为人民日益增长的美好生活需要和不平衡不充分的发展之间的矛盾。到2020年，我国社会将全面进入营养健康时代，人民群众对营养健康饮食的需求日益增强，以营养与健康为目标的大食品产业将成为健康中国的主要内涵。

面对新矛盾、新变化，我国的食品产业为了适应消费升级，在科技创新方面不断推

出新技术和新产品。例如马铃薯主食加工技术装备的研发应用、非还原果蔬汁加工技术等都取得了突破性进展。《国务院办公厅关于推进农村一二三产业融合发展的指导意见》提出："牢固树立创新、协调、绿色、开放、共享的发展理念，主动适应经济发展新常态，用工业理念发展农业，以市场需求为导向，以完善利益联结机制为核心，以制度、技术和商业模式创新为动力，以新型城镇化为依托，推进农业供给侧结构性改革，着力构建农业与二三产业交叉融合的现代产业体系。"但是，要帮助消费者建立健康的饮食习惯，选择适合自己的饮食方式，还有很长的路要走。

2015年发布的《中国居民营养与慢性病状况报告》显示，虽然我国居民膳食能量供给充足，体格发育与营养状况总体改善，但居民膳食结构仍存在不合理现象，豆类、奶类消费量依然偏低，脂肪摄入量过多，部分地区营养不良的问题依然存在，超重肥胖问题凸显，与膳食营养相关的慢性病对我国居民健康的威胁日益严重。特别是随着现代都市生活节奏的加快，很多人对饮食知识的认识存在误区，没有形成科学健康的饮食习惯，不少人还停留在"爱吃却不会吃"的认知阶段。当前，一方面要合理引导消费需求，培养消费者科学健康的消费方式；另一方面，消费者在饮食问题上也需要专业指导，让自己"吃个明白"。让所有消费者都吃得健康、吃得明白，是全社会共同的责任。

"吃个明白"系列丛书的组稿工作，依托中国农业大学食品科学与营养工程学院和农业农村部食物与营养发展研究所，并成立丛书编写委员会，以中国农业大学食品科学与营养工程学院专家老师为主创作者。该丛书以具体品种为独立分册，分别介绍了各类食材的营养价值、加工方法、选购方法、储藏方法等。注重科普性、可读性，并以生动幽默的语言把专业知识讲解得通俗易懂，引导城市居民增长新的消费方式和消费智慧，提高消费品质。

习近平总书记曾指出，人民身体健康是全面建成小康社会的重要内涵，是每个人成长和实现幸福生活的重要基础，是国家繁荣昌盛、社会文明进步的重要标志。没有全民健康，就没有全面小康。相信"吃个明白"这套系列丛书的出版，将会为提升全民营养健康水平、加快健康中国建设、实现全面建成小康社会奋斗目标做出重要贡献！

万宝瑞

原农业部常务副部长
全国人大农业与农村委员会原副主任委员
国家食物与营养咨询委员会名誉主任

前言

introduction

“柴米油盐酱醋茶，琴棋书画诗酒茶”，茶不仅是中国老百姓日常生活的开门七件事之一，也是文人墨客喜爱的养心雅事。直到现在，茶仍是部分少数民族的生活必需品，中国各地也普遍存在以茶代礼的风俗。当前，我国已进入中国特色社会主义新时代，社会主要矛盾已经转化为人民日益增长的美好生活需要和不平衡不充分的发展之间的矛盾。人们不再是仅仅关注是否吃得饱、穿得暖，而是开始更多地关注自身的营养健康以及精神文化需求。茶叶作为一种健康和文化集于一身的产品，将日益成为富裕起来的消费者关注的产品。

中国是茶的故乡，具有悠久的种茶、制茶和吃茶历史。中国茶花色品种众多，是茶叶产品最丰富的国家，市场上不仅有数以万计的六大类初制茶产品，还有品种繁多的再加工茶、深加工产制品。在目前消费者对茶产品的认知水平仍不高的前提下，大量的茶叶产品令一般消费者无所适从。同时，我国民族众多，历史悠久，文化及生活水平差异悬殊，消费的需求存在显著不同。因此，了解中国茶及其产品特性，普及茶知识，明明白白地买茶、喝茶、用茶就显得极为重要。

为此，在农业农村部相关部门和领导的支持下，笔者在收集国内外相关技术资料的基础上，总结编写了《茶吃个明白》一书。本书设计了撕名牌、直播间、开讲了等三个板块，涵盖了茶叶概念、茶叶产品种类与历史、营养与健康价值、加工与贮存、茶叶的选购与个性化需求、消费方法等内容，并收集汇总了一些相关的茶叶冷知识和热知识内容，对普通消费者明明白白地消费茶叶具有较好的指导作用。本书内容系统全面，文字

精练，图文并茂，通俗易懂，具有较强的科普性和可读性，适合广大茶叶爱好者、消费者和涉茶教育工作者阅读参考。

在本书编写过程中，得到了众多单位和个人的大力支持，并参阅了一些专家和学者的有关文献资料，在此谨致谢意。特别感谢杭州静如茶事工作室提供的茶叶冲泡演示图片。

由于笔者知识所限，编写时间短促，错误在所难免，不当之处敬请广大读者批评指正。

编者

2018年8月

目　录

Contents

序言

前言

一、撕名牌：认识茶叶

（一）什么是茶 …… 2

1. 茶的定义 …… 2
2. 概念误区 …… 3

（二）中国茶产品演变历史 … 5

1. 茶的起源和发展 …… 5
2. 唐代以前的茶产品 …… 8
3. 唐宋时期的茶产品 …… 9
4. 明清时期的茶产品 …… 11
5. 近代茶产品的发展 …… 12
6. 现代茶产品的发展 …… 13

（三）中国茶叶产品种类 … 15

1. 主要茶区分布 …… 15
2. 初制茶 …… 17
3. 再加工茶 …… 32
4. 深加工茶 …… 36

二、直播间：茶叶在线

（一）茶叶营养保健价值 … 40

1. 茶叶主要营养保健成分 … 40
2. 茶叶主要营养保健功能 … 54

（二）茶产品加工方法 ……61

1. 初加工茶叶 …… 61
2. 再加工茶 …… 74

3. 深加工茶产品 …………… 78

（三）茶叶的选购 ………… 81

1. 茶叶选购的原则 ………… 81
2. 茶叶选购的技巧 ………… 83
3. 典型名优茶的选购要点 … 86
4. 新陈茶、调香茶及真假茶辨别 ……………………… 92

（四）茶叶贮藏保鲜方法 … 94

1. 茶叶贮藏品质易变的“三大”原因 ……………………… 94
2. 茶叶贮藏保鲜有“五怕” …96
3. 茶叶贮藏“四大”保鲜技术 ……………………………… 98
4. 典型茶叶贮藏保鲜方法 101

三、开讲了：吃个明白

（一）茶以人分 …………… 106

1. 依人的体质 ……………… 106
2. 依人的年龄 ……………… 112

（二）应季饮茶 …………… 115

1. 春季 ……………………… 116
2. 夏季 ……………………… 118
3. 秋季 ……………………… 120
4. 冬季 ……………………… 121

（三）花样喝法 …………… 123

1. 泡茶用水的选择与处理 … 123

2. 泡茶器具的选择 ………… 130
3. 茶叶的冲泡方法 ………… 139
4. 茶叶多样化泡饮方法 …… 148

（四）吃茶宜忌 …………… 153

1. 茶食搭配宜忌 …………… 153
2. 茶药宜忌 ………………… 161

四、热知识、冷知识

1. 茶树的学名是什么 ……… 172
2. 茶的别名有哪些 ………… 172
3. 世界上有哪些国家产茶 … 172
4. 茶树的起源中心在哪里 … 173
5. 最早的茶学专著是什么 … 174
6. 什么是茶马古道 ………… 174
7. 中国的野生大茶树主要分布在哪些区域 ………………… 176
8. 茶树有哪些生态类型 …… 176
9. 茶树品种是如何分类的 … 177
10. 什么是有机茶…………… 178
11. 为什么说“高山出好茶” … 179
12. 炒青绿茶出现在何时…… 179
13. 什么是“开面采” ……… 180
14. 什么是“绿叶红镶边” … 181
15. 安吉白茶是白茶吗……… 181
16. 黄叶茶是黄茶吗………… 182
17. 苦丁茶是真正的茶吗…… 183
18. 泡茶时茶汤表面经常会有泡沫，这些泡沫是什么………… 183
19. 什么是红茶的“冷后浑”现象……………………… 184
20. 泡茶时茶水比如何掌握… 184
21. 不同茶类对泡茶的水温有何要求……………………… 185
22. 一杯茶冲泡多少次为适宜… 185
23. 每天饮多少茶为宜……… 186
24. 天热时喝冷茶和热茶哪个更解渴、更能降温……… 187
25. 饮“隔夜茶”会致癌吗 … 187
26. 饮浓茶对身体有害吗…… 188
27. 可以用茶水服药吗……… 189
28. 饭前饭后能饮茶吗……… 189

29. 什么是茶疗………………… 190

30. 饮茶能减肥吗…………… 190

31. 茶叶中的铅会危害人体健康吗
………………………………… 192

32. 茶叶中的 γ－氨基丁酸有什么
保健功效…………………… 192

33. 茶叶中的咖啡碱有哪些生理
功效？过量摄入对人体
有害吗……………………… 193

34. 茶叶中的芳香物质有哪些… 193

35. 用茶水漱口为什么能防龋齿
………………………………… 193

36. 茶树花有哪些用途……… 194

37. 茶渣有用吗……………… 194

38. 什么是“无我茶会”，其精神
内涵是什么………………… 195

39. 庄晚芳先生倡导的“中国茶德”
有何含义 ………………196

40. 文人为什么喜喝茶……… 197

参考文献……………………… 199

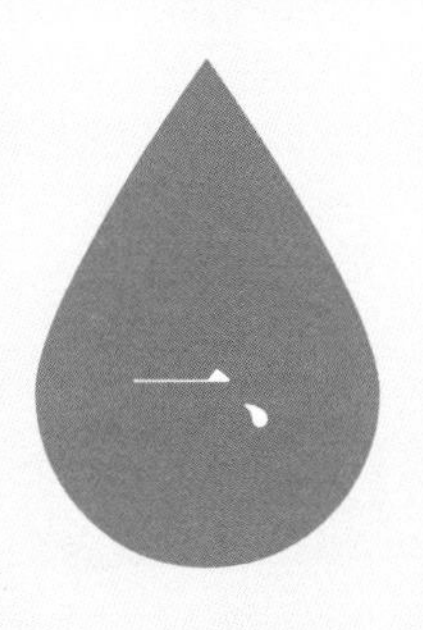

撕名牌：认识茶叶

（一）什么是茶

1. 茶的定义

“茶者，南方之嘉木也，一尺二尺，乃至数十尺”。茶圣陆羽的《茶经》开篇寥寥数语概括了茶树的起源地及其主要性状特征。而对于茶来说，这样一个在华夏文化长河中独树一帜存在的角色，仅仅这只言片语显然不足以说清楚它所蕴含的意义。

首先，站在植物学的角度，茶即“茶树”，是一种多年生木本植物，隶属山茶科，有灌木、小乔木和乔木之分，而最常见的约半人之高的就属于

（半乔木型茶树）

（灌木型茶树）

（乔木型茶树）

不同树型的茶树

灌木型栽培茶树。为了芽叶采摘的方便，以达到经济利益最大化，常常对各类型的茶树采用不同修剪方法抑制茶树的纵向生长，促进茶树横向扩展，使树高控制在一定的高度。茶树寿命很长，但经济学寿命仅50～60年。其次，就是茶叶，也是我们传统观念里吃的“茶”，或者说是“茶”的狭义概念，属于食品或者饮品的范畴。顾名思义“茶树之叶”，是指一种用采自茶树的芽叶经一系列加工工艺制作而成，经开水冲泡后能直接饮用的饮品。茶被列为世界三大无酒精饮料（茶、咖啡及可可）之一，其地位，或者说饮用人次、普及程度仅次于水，遥遥领先于上述其他两种无酒精产品，是人类最健康的饮料。

2. 概念误区

在中国，茶当之无愧为国饮，其渊源之深、普及之广是世界上其他任何国家都无法比拟的。可以说，中国自古至今，饮茶习俗上至皇朝贵族，下至平民百姓都有证可考，高雅如“半壁山房待明月，一盏清茗酬知音”的寄情之物，平凡至“柴米油盐酱醋茶”的生活必需品，可俗可雅，雅俗共存。或许也正是因此导致至今“茶”已不仅仅代表严格意义上的茶，还被不断扩大化，久而久之造成了“广为流传”的误区。

最常见的莫过于茶成为泡饮饮料的一种代称，比如荷叶茶、玫瑰花茶（指玫瑰花苞而非用玫瑰花窨制的玫瑰花茶，极易造成消费者的误解），以及类似于这些的各种泡饮植物饮料，甚至包括配方里并没有茶成分的各种凉茶。另外，就是基于地方文化的各种“茶俗”，有些说法可能刚开始跟茶有关，但在长久的流传演变之后，已然面目全非，名存实亡，比如回族称定婚为“定茶”，而满族称“下大茶”等；还有就是与近缘植物的混淆，比如油茶，同是山茶属的它，其主要产品——茶油，色清味香，营养丰富，

耐贮藏，既可作为食用油也可用于工业润滑、防锈等方面，使消费者常常误解成“茶籽油”，尤其在茶树籽确实能榨油这一事实存在的情况下；再比如主要作为景观植物的茶花，同样属于山茶属，其花不同品种花色缤纷，由于“茶花”之名而常与“茶树花”混淆不清。中药中的饮也常用“茶”代之，实际与茶没什么关系。

油茶树（左）和茶树（右）

油茶籽油（左）和茶籽油（右）

山茶花红/白（右/左上）和茶树花（左下）

（二）中国茶产品演变历史

1. 茶的起源和发展

（1）茶树原产地

茶源于茶树，而茶树的源头又在哪里？关于茶树的原产地之争一波三折之后终于还是回归了，目前，经各方考证，中国西南地区确是茶树原生中心，其范围包括云南、贵州和四川，以中国云南为中心及其周边地区不仅是世界上最早发现、利用和栽培茶树的地方，也是世界上最早发现野生茶树以及现存野生茶树最多、最集中的地方，是名正言顺的“茶的祖国”、

当仁不让的茶的发祥地。

野生大茶树（左）和栽培型古茶树（右）

具体说来，茶树起源于白垩纪至新生代第三纪，分布于古大陆的热带和亚热带地区，而中国云南及其周边地区位于古大陆的南部边缘地带，气候炎热，水分充足，土壤肥沃，有机质含量丰富，是热带植物赖以生存的家园。成千上万年的地质变迁，造就该地区特有的河谷和高原，致使境内群山起伏、河谷交错，地形多样化导致气候多样化，于是不同地区原始茶树的分布便逐渐从热带、亚热带扩展至温带气候区。对茶树来说，生长环境的差异逐渐导致自身性状朝着不同方向变化，而这种变化潜移默化，日积月累，时间的尺度一再延伸，就形成了今天所见到的大、中、小叶种与乔木、小乔木和灌木之分的各种类型的茶树。

（2）茶的发现与利用

茶树起源已然有史可证，而从茶树到茶叶，或者说茶树从一种原始植物到栽培作物，这之间还是存在着很大的时间和空间跨度的，所以中华茶文化及茶史一直都把“茶的发现”作为一个重要节点。

茶树之叶的利用相传源于远古时代的神农氏，关于神农以茶解毒的传说，据陈宗懋先生主编的《中国茶叶大辞典》有3种说法：其一，神农为研究百草特性和功能，在采集过程中，必亲自尝嚼，以辨其味，以明其效。一次，他吃下了有毒植物，感到头昏眼花，口干舌麻，全身乏力，于是躺卧在大树下休息。一阵风过，树上落下片片绿叶，神农信手放入口中咀嚼，感到味虽苦涩，但舌根生津，麻木渐消，头脑清醒。于是采集后研究，果有解毒功效，因而定名为“茶”。其二，神农常将采集的草药亲自煎熬为人治病。一日，正准备煎药之时，忽有树叶落入锅中，但见汤色渐黄，清香散发。当时神农正肚痛腹泻，于是趁热喝了两大碗，其味略苦，回味甘甜。说也奇怪，肚子不痛了，泻也止住，且精神振奋。从而发现茶有解渴、止泻、解毒、提神等作用。其三，相传神农有个水晶肚子，由外可看见食物在胃肠中蠕动的情形，当他尝茶时，发现茶在肚内到处流动，槎来槎去，把肠胃洗涤得干干净净。因此，神农称这种植物为“槎”，再演化成“茶”字。后有东汉《神农本草》的相关记载“神农尝百草，日遇七十二毒，得茶而解之”的说法。所以唐代陆羽认为，茶之为用，发乎于神农。

(3) 茶叶利用方式的转变

春秋齐景公时期（公元前547—公元前490年）有“食脱粟之饭，炙三弋五卵，茗菜而已”的记载，句中“茗”字就是“茶”的前身，或者说是替身的说法，至今也仍有“茗茶”一说。这句话表明当时的茶叶和寻常野菜一样，常作菜肴汤料供人食用，这便是前秦时期实现的茶叶从药用到食用的飞跃。

而中国的饮茶习俗则是在秦统一巴蜀之后才逐渐形成的，有清初学者

顾炎武《日知录》中的“自秦人取蜀之后，始有茗饮之事”。这也是后世大多数学者所接受和认可的观点。刚开始饮茶只是巴蜀（今四川、重庆一带）当地人的风俗习惯，他们于先秦时期就具备基本的茶叶生产和饮用技能，秦取巴蜀并统一全国之后，巴蜀与各地的经济文化联系日益增强，与此同时，其饮茶习俗和茶叶生产技术也向东传播至全国各地，并得到长足发展，茶逐渐成为举国之饮。

2．唐代以前的茶产品

秦汉以前，中国只有四川、重庆一带饮茶，茶已成为商品。其他地区饮茶和茶的生产，是秦汉以后大规模由四川、重庆传播和在四川、重庆的影响下发展起来的。

唐代以前，人们对茶的利用是非常原始和粗犷的，由药用到药食两用，通常是将茶树的枝叶晒干后直接储藏或磨碎后储藏，食用方式由口嚼生食到火生煮羹，形成粥羹，称“茗粥”。到三国时期，《三国志》中的以茶代酒，表现为茶已为食用。此时开始出现饼茶，当时在湖北一带流行将米汤掺入碎茶加工成茶饼的新型制茶方式，食用时先将茶饼置于火上烤干，捣碎后用开水煮沸，另加葱姜调料制成羹粥饮用。魏明帝太和年间张揖所著《广雅》中写到“荆巴间采茶作饼，成以米膏出之，若饮先炙令色赤，檮末置瓷器中，以汤浇覆之，用葱姜芼之”。记述了巴（四川）、荆（湖北）一带，用茶与米膏制作茶饼，再用姜与茶煮饮的方法。该种饼茶羹饮的用茶方式一直沿用至唐朝。

晋朝时期茶还作为药食用。葛洪，晋代道教理论家、医学家、炼丹家，著有《抱朴子》内外篇，曾在杭州西湖葛岭炼丹作药，他把茶树的叶子熟蒸研末，掺入有药疗的矿物质，和草药等一起炼成丹丸。

3. 唐宋时期的茶产品

唐朝经济文化繁荣，国力昌盛，为中国茶业发展提供了极好的历史背景。唐代宗大历五年（公元770年）开始在顾渚山（现浙江长兴县）建立贡茶院，每年清明前兴师动众督造“顾渚紫笋”饼茶，进贡皇朝，并延续了600多年，强力推动了当地甚至是全国的茶业发展。唐德宗建中元年（公元780年），纳赵赞议，诏征天下茶税，十取其一，是为茶税之始，此后茶业经济便成为全国性的社会经济，茶业贸易上升为大宗贸易。饮茶习俗也由中原传至边疆少数民族，为当地民众所嗜好，甚至有“累日不食犹得，不得一日无茶也”（出自唐代杨华的《膳夫经手录》）的说法，茶马交易也应运而生并成为千古佳话。唐代中期，我国乃至全世界最早的一部茶书——《茶经》问世，其著者陆羽被后世尊称为“茶圣”。该书分三卷十章，共七千余字，囊括茶叶历史、产地、栽培、采制、泡饮等方方面面，当时就被竞相传抄于民间，卖茶之人甚至将陆羽塑成陶像，贡于灶上，奉为茶神。至唐中期，茶叶产区已遍布大江南北，陆羽《茶经·八之出》中将其划分为八大产区，分别为山南、淮南、浙西、剑南、浙东、黔中、江南、岭南，史称“八道四十三州”，涉及今天的四川、陕西、湖北、广西、贵州、湖南、广东、福建、江西、浙江、江苏、河南、安徽13个省份，最北的种茶地区在江苏连云港，与近代中国茶叶的主要产区相当。

唐朝中后期饮茶发展到一定程度，茶饮已然成为一种品质生活的象征，制茶饮茶方式得到一再改良。据《茶经》中的相关记述，当时的制茶方式大概是将采来的茶叶先放到蒸笼上蒸，芽叶蒸熟之后放入石臼中捣烂，然后置于特定模具中按压成型，烘焙干燥后，在茶饼中心钻孔并用线绳穿挂成串，再进行包装，成品就是蒸青团饼茶。这种蒸青饼茶是唐代的主要茶类，其中品质上乘、制作精良的饼茶当时是进贡给皇室的贡茶。唐代宗开始在顾渚山（现浙江长兴县）设立的贡茶院，每年清明节前将采摘细嫩的茶叶制造好的紫笋茶饼，日夜兼程、快马加鞭运至长安（今西安），以供皇宫一年一度的清明宴使用。

仿制唐代蒸青饼茶

宋朝茶业重心南移，朝廷贡焙从顾渚改置建安，建茶由此得到长足发展并名冠全国，成为当时的中国团茶、饼茶的主要加工技术中心。建安贡茶尤以北苑所产最佳，名目繁多不在话下，徽宗赵佶所尚之“冰芽”或“水芽”就是一例。随着宋朝茶业重心南移，唐朝时期茶叶生产还欠发达的闽南、岭南一带也随之明显活跃起来。

该时期茶类生产由前朝的蒸青团饼茶为主刚开始向散茶转变，而最初散茶只流传于民间为下等茶，至元朝中期以后才呈现以散茶生产为主的局面。据元朝中期《王祯农书》中记载，当时的茶叶种类主要有“茗茶”“末茶”和“腊茶”三类，其中“茗茶”指芽茶和叶茶；“末茶”是“先焙芽令燥，入磨细碾”而成；而所谓“腊茶”是腊面茶的简称，即团茶、饼茶焙干以后用蜡状粥液结面而成。其中以“腊茶”最贵，制作工艺称之“不凡”，所以“此品惟充贡茶，民间罕见之”，可见当时除贡茶采用紧压茶以外，在中国民间大多数地区一般只采制和饮用叶茶或末茶。

中国传统的制茶工艺和烹饮习惯因此发生变化，由唐代的煎茶法变为点茶法。因此，在宋代斗茶法盛行，少数地区泡茶法（也称为撮泡法）也应运而生。茶具品类也因此得到简化，但质量却大大提高，当时茶具以瓷器为主，宋人尤其注重瓷器的造型、花色，因此涌现了烧制茶具的“建、哥、汝、定、钧”五大名窑。

宋徽宗赵佶于大观元年（公元1107年）亲著《大观茶论》一书，包括地产、天时、采摘、蒸压、制造等20篇整，以帝王之尊倡导茶学，弘扬茶文化，为史上首屈一指之人，茶之“盛于宋”与此莫不相关。此外，宋元年间，茶馆文化大肆兴起，“斗茶”“茗饮”等活动空前活跃，被誉为“盛世之清尚”，茶叶成为各族人民的生活必需品，并进入“琴棋书画诗酒茶”的行列。

4．明清时期的茶产品

明太祖洪武六年（公元1373年），设茶马司，专营茶马贸易，始自中唐的茶马交易再次得到延续和重视。此间明太祖朱元璋发布诏令废团茶而兴叶茶，绝大多数贡茶由团饼茶改为散茶，叶茶和芽茶成为茶叶生产和消费的主流，团饼茶逐渐成为边疆地区消费用茶。制法上，普遍改蒸青为炒青散茶，奠定了我国炒青茶的工艺基础，形成“杀青–揉捻–焙干”的典型绿茶加工工艺，许多有关技术或经验沿用至今。

此外，明清两朝期间黑茶、花茶、青茶和红茶也得到全面发展。如黑茶，于洪武初年在四川便有生产，后来随着茶马交易的不断扩大，至万历年间，湖南许多地区也改制黑茶，至清朝后期，黑茶更是演变成湖南安化的一种特产，主要用于边销。花茶源于北宋龙凤团茶掺和龙脑等香料的加工工艺，后来衍生为用茉莉等鲜花窨茶的技术，但花茶的大力发展还是始于明代。据朱权《茶谱》记载，明朝所用窨茶之花除茉莉之外，常有木樨（桂花）、玫瑰、蔷薇、兰蕙、橘花、栀子、木香、梅花和莲花灯十数种。青茶，也称乌龙茶，是明清时首创于福建的一种半发酵茶。红茶最初源于福建崇安的小种红茶，具体时间也未成定论，文献首见于明代中叶，入清之后，红茶加工工艺很快由福建传至江西、安徽、湖南、湖北、云南和四川等地。随之涌现了一批品质上乘流传至今的优质红茶，比如安徽的祁红、福建的闽红等。明末清初红茶传入西方，形成茶乳同饮的新颖茶饮方式。除此之外，如今的不少名茶都诞生或成熟于明清时期，如黄山毛峰、西湖龙井、太平猴魁、涌溪火青、信阳毛尖等。

中国茶叶的西传也发生在这一历史时期，始于1610年荷兰东印度公司舰队运回欧洲的少量茶叶，从此，茶便如久旱巧遇的甘霖一般在欧洲大陆甚至世界范围内风靡开来，并在此后的数百年间成为充实西方文明不可或缺的物质资源，也成为西方与中国贸易往来的主要物产，并做为起因之一最终撞开了中国禁闭已久的国门，走向近代文明。

5. 近代茶产品的发展

由于清朝海禁开放，茶叶海运贸易开始发展，中国先后与中东、南亚、西欧、东欧、北非、西亚等地区的30多个国家建立了茶叶贸易关系。1842年，清政府被迫签下《南京条约》之后，实行五口通商，中国茶叶对外贸易曾一度迅猛发展，但同时，由于清政府允许鸦片和工业品的进口，导致贸易逆差年年攀升。出于平衡贸易逆差，清政府抵制白银外流，曾大力推进农业、扩大茶丝出口，所以该时期茶叶产销曾一度高速增长，尤其是大宗红、绿毛茶得到长足发展，诸如祁红、屯绿。民国时，六大茶类已发展齐备，名茶生产技术日趋完善，部分区域出现工艺茶，如安徽的菊花茶

（黄山绿牡丹的前身，指将理条好的干茶用线索束扎成朵形，冲泡后形似菊花绽放），同时茶叶饮用地域性较为明显，如江浙人喜喝绿茶，闽粤人爱乌龙茶，京津人钟情花茶等。

从晚清开始，中国内受军阀混战、外遭强敌入侵各种内忧外患的影响，政局动荡，经济萧条，茶叶产销每况愈下，几乎一蹶不振，直到中华人民共和国成立以后才重新得到重视和发展。

6．现代茶产品的发展

20世纪中下叶，尤其是改革开放这几十年来，在市场经济的大环境下，我国的茶产业、科技得到空前的发展，茶业市场日趋繁荣。科学技术的发展为茶树种植、茶叶加工与茶产品的开发生产提供强力支撑，造就如今茶叶市场品类琳琅满目的盛况，传统饮茶习俗开始走向多样化，茶叶被细节化为其各种具有特殊功能的内含成分（主要包括茶多酚）。在此基础之上涌现了大批吃、用、穿等各种新型用茶方式，更有部分产品回归茶叶“药食同源”的本性，利用茶叶中主要药理成分走保健药品路线，诸如此类的各种茶叶再加工、深加工产品层出不穷，茶叶附加值得到极大提高，茶叶资源得到越来越充分地利用，发展前景可观。

以吴觉农、王泽农、庄晚芳、张天福、李联标等为代表的一批现代茶叶先驱通过留学带回先进的理念，先后提出了培养茶业人才、组织有关团体等振兴中国茶业的方案，为中国现代化茶行业做出了历史性的伟大贡献。

近年来茶产品得到充分的发展，主要形式包括以茶饮料（茶汤）、调味茶饮料、复（混）茶饮料等茶品形式的茶产品，以茶餐、茶味坚果、茶味糖果、茶味糕点等风味化的茶食品，以茶功能性成分如茶多酚、咖啡碱、茶氨酸等为主体的保健品，出现了茶味牙膏、茶枕、茶袜子等形式的日用品。茶产品一是可利用的茶树资源的丰富，二是以茶叶功能性成分为主的保健品的开发，三是产品的多元化，前景广阔。

自20世纪50年代以来，中国茶叶生产科技发展很快，开展了科学试验，培养了人才，促进了茶业的发展。尤其是中国农业科学院茶叶研究所自从1958年成立以来，和全国科教单位一起在茶树新品种选育、茶树种植、茶树病虫害防治、茶叶加工及茶叶质量安全检测等各方面开展技术研究，取得一大批国家级、省部级成果，特别是开发出一系列茶产品。比如开发出一系列新型茶叶产品：包括低咖啡碱茶、高γ-氨基丁酸茶、高GCG茶、饮料专用原料茶、超微茶粉等；新型茶饮品，包括高香冷溶速溶茶、鲜茶汁饮料、醇味茶浓缩汁、高儿茶素低苦涩味茶饮料等；新型茶食品，包括茶叶面条、茶年糕、茶籽油、茶瓜子、含茶口香糖等；新型茶保健品，包括茶多酚含片、茶黄素胶囊、茶氨酸含片等；新型茶日用品，包括茶袜、茶丝巾、茶护手霜、茶面膜、茶牙膏，以及新型轻化材料如茶皂素等作为添加剂、发泡剂等应用于茶新产品。

高γ-氨基丁酸茶

高香冷溶速溶茶

（三）中国茶叶产品种类

1. 主要茶区分布

茶叶生产遍及中国大江南北，地理分布于北纬18°～37°，东经94°～122°，涉及浙江、安徽、福建、江西、江苏、广东、广西、海南、湖南、湖北、河南、四川、重庆、云南、贵州、陕西、山东、甘肃、西藏以及台湾等省、直辖市、自治区，1 000多个县。地跨6个气候带，分别为中热带、边缘热带、南亚热带、中亚热带、北亚热带和暖温带，各地在土壤、水热、植被等方面存在明显差异。垂直分布上来看，茶树最高种植在海拔2 600米的高地上，最低接近于海平面，同样构成了土壤、水热、地物等方面的差异。茶叶的生产除了受以上气候地理环境因子的影响之外，还受栽培因素、加工设备、劳力、社会经济、技术力量、交通运输、饮茶习俗和生活水平等非地理因素的约束。目前主要根据地域、气候、茶树生长及茶类情况将中国产区分为四大茶区，即江南茶区、江北茶区、西南茶区、华南茶区。顺便指出，“茶区”是个经济概念，它的划分是在国家总的发展生产方针指导下，综合自然、经济和社会条件，注意行政区域的基本完整性等方面来考虑的。

（1）江南茶区

位于长江以南，大樟溪、雁石溪、梅江、连江以北，包括浙江、湖南、江西等省和皖南、苏南、鄂南、粤北、桂北以及福建大部分地区。江南茶区大多处于低丘低山地区，也有海拔1 000米左右的高山，如浙江天目山、江西庐山、安徽黄山和福建武夷山，皆是“高山出好茶”的地方。属于茶树生态适宜区，气候温和湿润，年平均气温在15.5℃左右，年降水量1 000～1 600毫米，土壤基本为红壤，部分黄壤，酸碱度适中，为中国茶叶主要产区，占茶叶总量的2/3。茶树品种主要为灌木类，生产的茶类有绿茶、红茶、乌龙茶、白茶、黑茶以及各种特种名茶和花茶，其中著名的有西湖龙井、洞庭碧螺春、黄山毛峰、太平猴魁、武夷岩茶、庐山云雾、君山银针等。适宜种植的绿茶品种有龙井43号、龙井长叶、福鼎大白茶、迎霜、劲峰、翠峰、寒绿等，红茶品种有安徽1号、江华苦茶等，乌龙茶品种有水仙、大红袍、肉桂、铁观音、黄旦、毛蟹等，白茶品种有政和大白茶、福鼎大白茶等。

（2）江北茶区

位于长江中下游北部，南起长江，北至秦岭、淮河，西起大巴山，东至山东半岛，包括甘南、陕南、鄂北、皖北、苏北、鲁东等区域，是中国北方的茶区。属茶树生态次适宜区，茶区地形较复杂，土壤多为黄棕土，部分棕壤，酸碱度偏高，与其他茶区相比气候寒冷、积温低、降水量少，茶树生长期短。但是茶区不少地方昼夜温差大，茶树自然品质好，适制绿茶，香高味浓。茶树品种多为抗寒性较强的灌木类小叶种，全区生产绿茶，有炒青、烘青、晒青等，较为著名的茶有六安瓜片、信阳毛尖等，其品质良好，香气清爽，滋味醇厚。

（3）西南茶区

位于中国的西南部，米仓山、大巴山以南，红水河、南盘江、盈江以北，神农架、巫山、方斗山、武陵山以西，大渡河以东，包括黔、川、滇中北和藏东南等地区。属于茶树生态适宜区，是中国最古老的茶区，孕育茶树的摇篮，茶区地形复杂，多为盆地、高原，土壤类型居多，有赤红壤、红壤和棕黄壤等，土壤质地黏重，有机质含量低，但自然条件较为优越，冬无严寒，夏无酷暑，除高山外，茶树一年四季几乎不会发生冻害，水热条件好，年平均气温在16.5℃以上，年降水量1 000～1 700毫米。独特的地理优势造就了该茶区茶树品种资源丰富，既有小乔木、灌木类品种，又有乔木类品种。茶类众多，有红茶、绿茶、黄茶、黑茶及再加工茶等，其中，较为出名的有蒙顶黄芽、都匀毛尖等。

（4）华南茶区

位于大樟溪、雁石溪、梅江、连江、浔江、红水河、南盘江、无量山、保山、盈江以南，包括福建、广东的中南部、广西壮族自治区的南部、云南省南部以及海南、台湾等地。属于茶树生态最适宜区，气候温暖而湿润，年平均气温在20℃以上，年降水量1 200～2 000毫米，水热资源丰富，在森林下覆盖的茶园土壤肥沃、有机质含量高，全区多为赤红壤，部分黄壤。茶树品种资源也较丰富，栽培品种主要为乔木类大叶种，小乔木类、灌木类、小叶种也有分布。其中适宜生产的茶类品质优异，深受国内外广大消费者的欢迎，生产的茶类有红茶、普洱茶、乌龙茶，黑茶较为有名的有六堡茶等。

2．初制茶

中国茶，历史源远流长，品类琳琅满目，分类方法也不尽相同，一般以制茶工艺分类为基础，根据茶叶制法和发酵程度的不同将初制茶叶分为为绿茶、黄茶、白茶、青茶、红茶及黑茶，六大茶类由此而来。

（1）绿茶

绿茶，属于不发酵茶，是一种干茶、汤色、叶底均为绿色的茶，产量和花色品种稳居六大茶类之首。鲜叶摊放后一般经过杀青、揉捻（做形）和干燥等几个基本工序制作而成，其中“杀青”是关键工序，造就了绿茶“清汤绿叶”的鲜明品质特征，绿茶之“绿”也由此而来，素以香高、味醇、形美、耐冲泡而闻名海内外。

由于绿茶的类别繁多，其分类方法也不尽相同。一般根据杀青方式和最终干燥方式的不同，中国绿茶可分为炒青、烘青、晒青和蒸青等四大典型绿茶类别，以及介于炒青、烘青之间的“半烘炒绿茶” 。另外，依据干茶外形可分为扁形、条形、针形、尖形、卷曲形、朵形、工艺形、圆形等；依据茶鲜叶采摘和加工的精细程度、产品的产量规模程度等可以将绿茶分为大宗绿茶和名优绿茶。大宗绿茶是中国传统茶叶生产中逐渐形成的、产销规模都较大的绿茶产品，而名优绿茶是相对于大宗绿茶而言的高品质绿茶，多指造型独特、风格特异的特种绿茶，一般由丰富的人文资源、优越的地理环境、优良的茶树品种、精细的采摘标准和精湛的加工技术造就而成。

①炒青绿茶。也称“炒青”，是用炒干方式进行干燥制成的绿茶，也是中国绿茶产区最广、产量最多的一种初制绿茶。可分为炒青型的大宗绿茶和特种名优绿茶。

大宗炒青绿茶。根据外形不同可分为长炒青和圆炒青，前者外形成条、紧结略曲，后者浑圆紧结、身骨重实呈珠球状，经过精制加工后分别成为出口的“眉茶”（形似眉毛）和“珠茶”。炒青绿茶生产区较普遍，一般以生产地域命名，主要有安徽的“屯绿”“芜绿”和“舒绿”，浙江

中国大宗炒青绿茶

西湖龙井

的“杭绿”“遂绿”和“温绿”，江西的“婺绿”和“饶绿”，湖南“湘绿”，广东“粤绿”，贵州“黔绿”以及四川的“川绿”和云南的“滇绿”。不同产区的鲜叶品质、加工设备及具体方法有所差异，所生产的茶叶品质特征也不尽相同，如安徽“屯绿”条索紧结壮实，色泽灰绿光润，具熟板栗香，香高持久，汤色绿而明亮，叶底柔软；而浙江的“杭绿”要求条索紧细匀整，略有芽锋，色泽较绿，香气清高，汤色嫩黄明亮，滋味浓鲜，叶底细嫩。

特种名优绿茶。是指采用炒干方式进行造型的名优茶，一般扁形、针形、卷曲形、勾青或圆形等形状名优绿茶都采用炒干而成。

“扁形”名优绿茶。此类茶在做形和干燥等加工过程中受到垂直力的压迫，导致芽叶折叠成扁平形，以西湖龙井为代表。西湖龙井外形扁平挺直，色泽嫩绿或翠绿油润，汤色嫩黄明亮，香气高爽馥郁持久，滋味醇厚甘鲜，叶底芽叶成朵，嫩绿明亮。

“卷曲形”名优绿茶。该类茶在加工过程中，在制品茶叶受到回旋力的揉捻和炒制作用下，芽叶逐渐卷曲成茶，以洞庭碧螺春为代表。碧

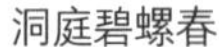
洞庭碧螺春

南京雨花茶

螺春外形条索纤细，卷曲成螺，具“蜜蜂腿”特征，色泽银绿隐翠，白毫披露，汤色嫩绿，香气鲜雅，兰韵突出，滋味鲜醇，回味绵长，叶底柔软。

“针形”名优绿茶。该类茶在加工过程中，受到与主径垂直力的搓揉，完全避免压力与回旋力的作用，以致成茶细紧挺直，不弯曲，以南京雨花茶为代表。南京雨花茶条索紧结圆直呈松针状，锋苗挺秀，色泽翠绿带有白毫，汤色清澈明亮，滋味鲜爽醇正，香气清高，叶底匀净嫩绿。

“圆形”名优绿茶。该类茶在加工过程中，受机械压力和茶叶与茶叶之间的挤压而逐渐成形，以羊岩勾青和涌溪火青等为代表。羊岩勾青外形勾曲，近颗粒状，色泽绿润，汤色清澈明亮，叶底细嫩成朵，香高持久，滋味醇爽，耐冲泡，耐储藏；涌溪火青外形腰圆秀丽，紧结重实，色泽墨绿，油润显毫，汤色黄绿明亮，清高鲜爽，滋味醇厚，甘甜耐泡，叶底杏黄，嫩匀整齐。

“条形”名优绿茶。该类茶在加工过程中，在制品茶叶受力于推揉、滚揉、搓揉等手势，逐渐卷紧成条，以信阳毛尖为代表。信阳毛尖外形条索

羊岩勾青

信阳毛尖

细紧圆直，锋苗挺秀，色泽翠绿光润，白毫显露，汤色嫩绿明亮，香气高长，滋味鲜醇，叶底芽壮，嫩绿匀整。

②烘青绿茶。烘青绿茶亦称“烘青”，是用烘焙方式进行干燥制成的绿茶。中国各产茶省均有生产。外形不如炒青绿茶光滑紧结，但一般条索完整，常显锋苗，细嫩者白毫显露，色泽绿润。根据原料的老嫩和制作工艺的不同可分为普通烘青和细嫩烘青。

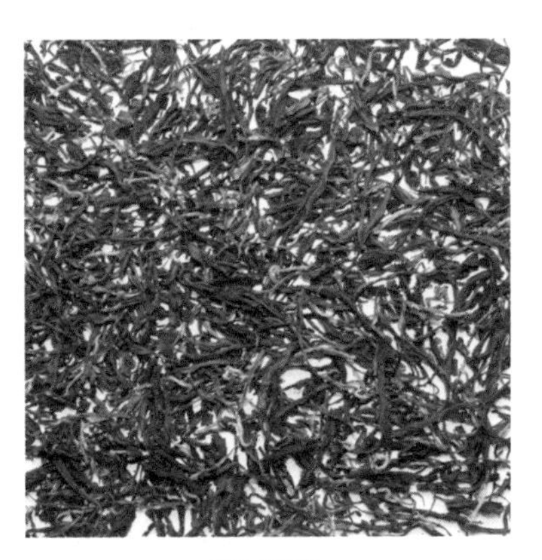

烘青绿茶

普通烘青是指一般鲜叶经杀青、揉捻、烘焙干燥而制成的烘青绿茶。主产于浙江、江苏、福建、安徽、江西、湖南、湖北、四川、贵州、广西等地。直接饮用者不多，通常用作窨制花茶的茶坯，成品为烘青花茶，是中国内销量较大的茶类，主销华北、东北、山东、四川等地。

细嫩烘青是指嫩芽叶精工制成的烘青绿茶。条索紧细卷曲，白毫显露，色绿香高，味鲜醇，芽叶完整。典型的名优茶有黄山毛峰、太平猴魁、敬亭绿雪、天台云雾、雁荡毛峰、高桥银峰、径山茶等。黄山毛峰形似雀舌，匀

齐壮实，锋毫显露，色如象牙，鱼叶金黄，汤色嫩绿，清澈明亮，滋味鲜醇，叶底嫩黄，肥壮成朵，其中“金黄片”和“象牙色”属于其特有品质。六安瓜片无芽无梗，全单片，外形叶缘向背面翻卷，微向上重叠，形似瓜子，自然平展，色泽宝绿，大小匀整，香气清高，汤色碧绿，味甘鲜醇，叶底黄绿明亮。太平猴魁身骨重实，色泽苍绿匀润，主脉或侧脉绿中隐红，俗称“红丝线”，汤色清绿，香高持久，味醇鲜浓，叶底嫩绿匀亮，芽叶成朵肥壮。径山茶外形条索细紧隽秀，微卷曲有毫，色泽翠绿，香气高鲜，且板栗香突出持久，滋味甘醇爽口，叶底细嫩匀净成朵。

③蒸青绿茶。据史料考证，中国绿茶最早的制法即是蒸青，后传播至日本、印度及苏联，并在日本得到长足发展传承至今。而中国目前生产的蒸青绿茶以煎茶和玉露茶为主。高档煎茶外形条索细紧圆直呈针形，匀称而有尖锋，汤色浅黄绿色，澄清明亮，香气清甜滋味醇和，回甘生津；玉露茶外形条索紧细，均匀挺直，形似松针，呈鲜绿豆色，汤色清绿明亮，香气清高鲜爽，滋味甜醇可口，叶底翠绿匀整。

蒸青绿茶

④晒青绿茶。晒青绿茶的鲜叶原料经过杀青、揉捻后，利用日光晾晒至足干得成茶，晒青要求温度较低，故时间较长，较多地保留了鲜叶的天然成分，以致成品茶滋味浓厚，并带有特殊的日晒味，通常是砖茶、沱茶等紧压茶的加工原料。目前主要分布于云南、陕西和重庆等地。其中，以云南大叶种所制的“滇青”品质最优，滇青外形条索粗壮肥硕，白毫显露，色泽深绿油润，香气浓醇，极具收敛性，耐冲泡，汤色黄绿明亮，叶底肥硕。

晒青绿茶

(2) 白茶

白茶，属轻发酵茶类，传统制法独特，不炒不揉，一般只有萎凋和干燥两道工序，基本上靠日晒制成，是中国的特种茶叶，起源于福建福鼎一带。现代的白茶是从宋代绿茶三色细芽、银丝水芽逐渐演变而来，最初是指干茶表面密布白色茸毫、色泽银白的“白毫银针”，后经发展产生了白牡丹等不同花色。其最主要的特征是茶叶外表满披白色茸毛，色泽银白，有“绿妆素裹”之美感，芽头肥壮，汤色黄亮，滋味鲜醇，叶底嫩匀。

白茶鉴赏

扫一扫，了解更多吃的科学

迄今为止，按照采摘标准和加工工艺，白茶产品可以分为四大类，分别是白毫银针、白牡丹、贡眉和寿眉，这也是最常见的分类。当然还有其他的分类标准，比如依据茶树品种分，以大白品种茶树制作的成品称为大白，以水仙品种茶树鲜叶为原料的称为水仙白，以菜茶鲜叶为原料的称为小白。而白毫银针又可以因产地和茶树品种的不同分为“北路银针”和“西路银针”，品质各有千秋。其中，白毫银针以色白如银、形状似针。白牡丹：外形芽叶连枝，两叶抱一芽，叶态自然，形似花朵。贡眉：形似白牡丹，但形体偏瘦小，品质次于白牡丹。寿眉：以制作白毫银针后“抽针”剩下的鲜叶制成，成茶不带毫芽，品质次于贡眉。

白毫银针

白牡丹

贡眉

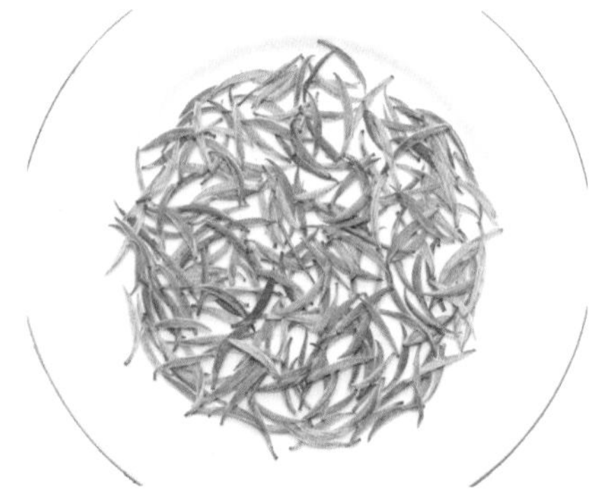

寿眉

(3) 黄茶

黄茶的典型品质特征"黄汤黄叶"，由其特有而关键的"闷黄"工序造就而成。据明代许次纾《茶疏》中记载，黄茶是源于炒制绿茶工艺不当的意外发现，当炒青杀青时间过短，蒸青杀青时间过长或杀青后未及时摊晾或揉捻，亦或是揉捻后未及时烘干、炒干，茶叶堆积过久，就会导致叶子变黄，从而出现成品茶黄叶黄汤的特征品质。现代黄茶按照制茶鲜叶原料的嫩度，可将其分为黄芽茶、黄小茶和黄大茶。

君山银针

①**黄芽茶**。采用高嫩度的单芽或一芽一叶原料制作而成，外形扁直匀齐，色泽金黄，芽毫显露，汤色黄亮，甜香馥郁，滋味鲜醇回甘，叶底嫩软匀齐，如君山银针、蒙顶黄芽以及霍山黄芽。

②**黄小茶**。采摘细嫩芽叶加工而成，主要包括湖南宁乡的沩山毛尖和浙江温州的平阳黄汤以及湖南岳阳的"北港毛尖"。

③**黄大茶**。采一芽二三叶甚至一芽四五叶为原料制作而成，如皖西黄大茶和广东大叶青茶。

皖西黄大茶

(4) 青茶

青茶，即乌龙茶，是一类介于红茶、绿茶之间的半发酵茶，它既有绿茶的鲜浓，又有红茶的甜醇。其鲜叶原料要求具有一定成熟度，一般为“开面采”的对夹叶，经摊晾、摇青、揉捻、干燥加工而成，其特有的“摇青”工艺是造就半发酵茶品质的关键。其主要品质特征是外形粗壮结实，色泽青褐油润，天然花果香浓郁，滋味醇厚甘爽，耐冲泡，叶底绿叶红镶边。青茶依产地大致可划分为闽北、闽南、广东和台湾乌龙四大类。

武夷岩茶

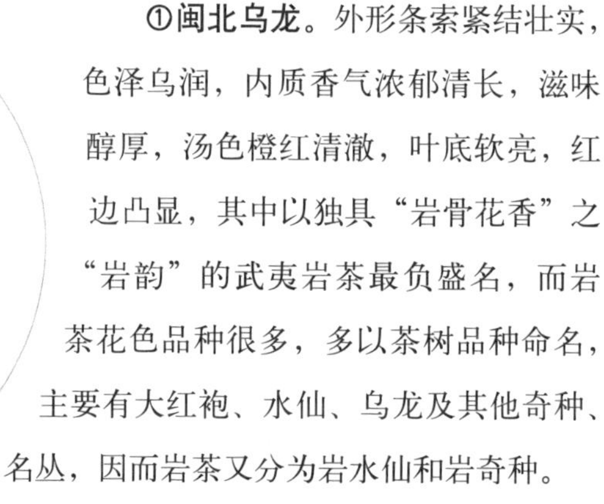

①闽北乌龙。外形条索紧结壮实，色泽乌润，内质香气浓郁清长，滋味醇厚，汤色橙红清澈，叶底软亮，红边凸显，其中以独具“岩骨花香”之“岩韵”的武夷岩茶最负盛名，而岩茶花色品种很多，多以茶树品种命名，主要有大红袍、水仙、乌龙及其他奇种、名丛，因而岩茶又分为岩水仙和岩奇种。

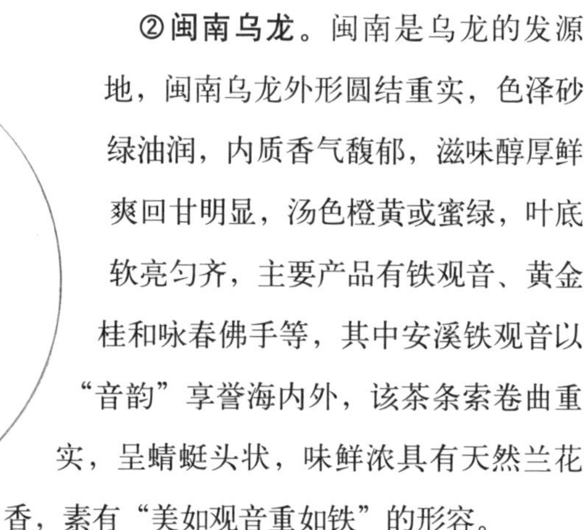

②闽南乌龙。闽南是乌龙的发源地，闽南乌龙外形圆结重实，色泽砂绿油润，内质香气馥郁，滋味醇厚鲜爽回甘明显，汤色橙黄或蜜绿，叶底软亮匀齐，主要产品有铁观音、黄金桂和咏春佛手等，其中安溪铁观音以“音韵”享誉海内外，该茶条索卷曲重实，呈蜻蜓头状，味鲜浓具有天然兰花香，素有“美如观音重如铁”的形容。

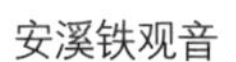

安溪铁观音

③广东乌龙。外形条索紧结壮实，色泽黄褐油润，似鳝鱼皮色，内质香气浓郁持久，具有天然花蜜香，滋味浓厚，爽滑回甘，耐冲泡，汤色橙黄明亮，叶底黄亮，叶缘朱红，主要产品有单丛、乌龙、色种等，以凤凰单丛最为著名。

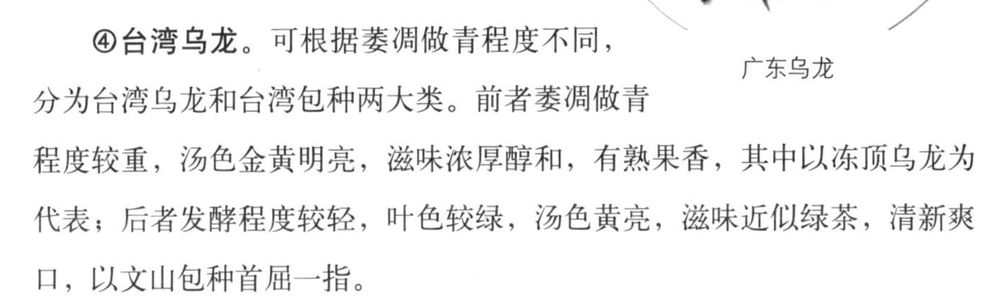

广东乌龙

④台湾乌龙。可根据萎凋做青程度不同，分为台湾乌龙和台湾包种两大类。前者萎凋做青程度较重，汤色金黄明亮，滋味浓厚醇和，有熟果香，其中以冻顶乌龙为代表；后者发酵程度较轻，叶色较绿，汤色黄亮，滋味近似绿茶，清新爽口，以文山包种首屈一指。

(5) 黑茶

黑茶是经过特殊的“渥堆”工序加工而成的茶叶，现在有散茶和紧压茶之分。因外观黑色而得名。黑茶早先主要供边区少数民族饮用，为了便于贮存运输多制成紧压茶，外观呈块、砖、饼或团状，在销售上又称“边销茶”。

黑茶要求原料成熟度较高，在其初制工序中，鲜叶经杀青、揉捻之后渥堆，在微生物参与下，促进其内含成分的转化分解，造就黑茶别具一格的风味特征。黑茶滋味醇厚而不苦涩，具有“陈香”“菌花香”和“槟榔香”等特殊香气，汤色橙黄或橙红。不同产区原料、工艺差异明显，从而造就了特色鲜明的地域性黑茶。

①湖南黑茶。湖南黑茶有散装茶和紧压茶之分，散装茶又称篓装黑茶，按等级划分为3类，即天尖、贡尖和生尖，以天尖最佳，其外形圆直紧实，色泽黑润，带松烟香，汤色橙黄，滋味醇厚，叶底黄褐尚软；紧压茶又有砖形和柱形之分，前者有茯砖、黑砖和花砖，后者有千两茶或百两茶。其

中茯砖茶，砖面平整，松紧适度，金花茂盛，砖面黑褐或黄褐，带松烟香和菌花香，汤色橙黄，滋味醇和，叶底黄褐尚匀。

湖南黑茶

康砖

②四川黑茶。四川黑茶分南路边茶和西路边茶两类，南路边茶包括康砖和金尖两个花色，而西路边茶又分茯砖和方包。其中康砖最为出名，其外形砖面平整紧实，洒面明显，色泽棕褐，香气纯正，汤色红褐尚明，滋味尚浓醇，叶底棕褐稍花。

③云南普洱茶。普洱成茶也分散茶和紧压茶两大类，后者主要产品包括七子饼茶、沱茶和普

洱砖茶。七子饼茶：呈圆饼形，端正匀称，松紧适度，色泽黑褐油润，陈香显露，汤色深红明亮，滋味醇厚滑润，叶底猪肝色亮软。沱茶：呈碗臼形，外形端正匀称显毫，松紧适度，色泽红褐油润，内质香气陈香纯润，汤色深红明亮，叶底猪肝色明亮质软。普洱砖茶：外形砖面平整有毫，棱角分明，厚薄一致，松紧适度，色泽暗褐尚润，内质香气陈纯，汤色红浓，滋味醇厚，叶底猪肝色较亮。

普洱生茶

普洱散茶

④湖北老青茶。湖北青砖茶，又称“川字茶”，呈长方体，外形紧结平正，棱角整齐，砖面光滑，色泽青褐，压印纹理清晰，内质香气纯正，汤色橙红，滋味醇和，叶底暗褐粗老。老青茶分为三级：一级茶，也称“洒面茶”，以白梗为主，稍带红梗，即嫩茎基部呈红色，有乌巅白梗红脚之

湖北青砖茶

俗称。二级茶，即二面茶，以红梗为主，顶部稍带白梗。三级茶，即里茶，主要为当年生红梗，不带麻梗。

⑤广西六堡茶。六堡茶传统加工成篓装散茶或紧压茶，其品质特征是外形紧结重实、匀齐，黑褐油润，内质香气纯正或带有槟榔香味，汤色红浓，滋味醇厚，叶底红褐柔软。

六堡茶

(6) 红茶

红茶与绿茶恰恰相反，是一种全发酵茶（发酵程度大于80%）。鲜叶经过萎凋、揉捻、发酵、干燥基本工艺流程，而“发酵”是其关键工序，所谓发酵，就是茶叶中的多酚类物质在一定的温度、湿度和有氧条件下经多酚氧化酶催化氧化成茶黄素、茶红素等红色物质，形成了成品茶“红汤红叶”的品质风格。由此得名为“红茶”。中国主要有小种红茶、工夫红茶和红碎茶三大红茶品类。

①小种红茶。小种红茶又有正山小种和外山小种之分，前者也称“星村小种”，凡是武夷山所产且集中赤石加工的红茶均可归为此类，而武夷山产区附近的茶则称外山小种。正山小种外形条索肥实，色泽乌润，汤色红浓，香气高长，带有松烟香，滋味醇厚，带典型的桂圆香，加放牛奶之后香气不减，因此远销海外各国。

小种红茶

②工夫红茶。工夫红茶是品类最多、产区最广的一种红茶，比较著名的有祁红、滇红、宜红、桂红、湘红等，均以地区冠名。按品种还可分为大叶工夫和小叶工夫，大叶工夫是以乔木或者半乔木茶树鲜叶为原料加工而成的红茶，以“滇红”为代表；小叶工夫是以灌木型小叶种茶树鲜叶原料制作而成的工夫红茶，色泽乌黑油润，又称“黑叶工夫”，以“祁红”为代表。

工夫红茶

祁红。是祁门工夫的简称，外形条索细秀而稍弯曲，有锋苗，色泽乌润，蜜糖香持久，汤色红亮，滋味鲜爽甜醇，叶底红匀明亮，其特征蜜糖香被誉为“祁门香”，与印度大吉岭红茶、斯里兰卡乌伐的季节茶合称“世界三大高香红茶”。

滇红。外形条索紧结肥硕，色泽乌润，金毫显露，汤色红艳明亮，香气鲜郁高长，滋味浓厚鲜爽，富有刺激性，叶底红匀明亮。

滇红

宁红。中国最早的工夫红茶之一，产自江西，其外形条索紧细圆直有金毫，锋苗挺拔，略显红筋，色乌略红，光润，香高持久似祁红，滋味醇厚甘甜，汤色红亮，叶底红匀。

红碎茶

③红碎茶。红碎茶是中国为适应国际市场不同销区客户的需求应运而生的红茶品种，中国出口红碎茶它的滋味总的要求是“浓、强、鲜”，按品质风格主要分为两大类型，一类是外形匀整，颗粒紧细，粒型较大，汤色红浓，滋味醇厚，价格适中的中下级茶，适合中东地区的国家。另一类是体型较小，净度较好，汤色红艳，滋味较强，香气高锐持久的中高级茶，适合于欧美国家。还可以按照成品茶的外形大致分为叶茶、碎茶、片茶、末茶以及混合碎茶。

3. 再加工茶

(1) 花茶

花茶又称香片、熏花茶、窨花茶，是中国比较独特的茶叶品类，是采用茶用香花与茶坯窨制的一类再加工茶，既具有茶叶纯正的滋味，又有鲜花馥郁的香气。依窨制的香花种类可分为茉莉花茶、白兰花茶、珠兰花茶、玳玳花茶、柚子花茶、桂花茶和玫瑰花茶等，也有把花名和茶名连在一起命名的，如茉莉烘青、珠兰大方、桂花乌龙等，其中茉莉花茶是中国花茶的主导产品，其产区涉及广西横县、四川犍为、福建福州以及云南沅江。

茉莉花茶

(2) 紧压茶

紧压茶，是以黑毛茶、老青茶、做庄茶及其他适合的毛茶为原料，经过拼堆、汽蒸、压制等典型工艺过程加工而成的砖形或其他形状的茶叶。紧压茶的多数品种比较粗老，干茶色泽黑褐，汤色橙黄或橙红，在少数民族地区非常流行。中国紧压茶产区比较集中，主要有湖南、湖北、四川、

紧压茶

云南、贵州等省。其中茯砖、黑砖、花砖茶主产于湖南；青花砖主产于湖北；康砖、金尖主产于四川、贵州；普洱茶之紧压茶主要产于云南；沱茶主要产于云南、重庆。

(3) 袋泡茶

袋泡茶是一种以一定规格的碎型茶叶作为原料，使用专用包装滤纸按包装要求分装成袋的茶叶产品，因饮用时带袋冲泡、一袋一泡而得名。袋泡茶要求包装前后茶叶风味特征与普通干茶基本一致，是一种改散茶冲泡为袋茶冲泡、在茶叶包装与饮用方式上大胆创新的再加工茶类。

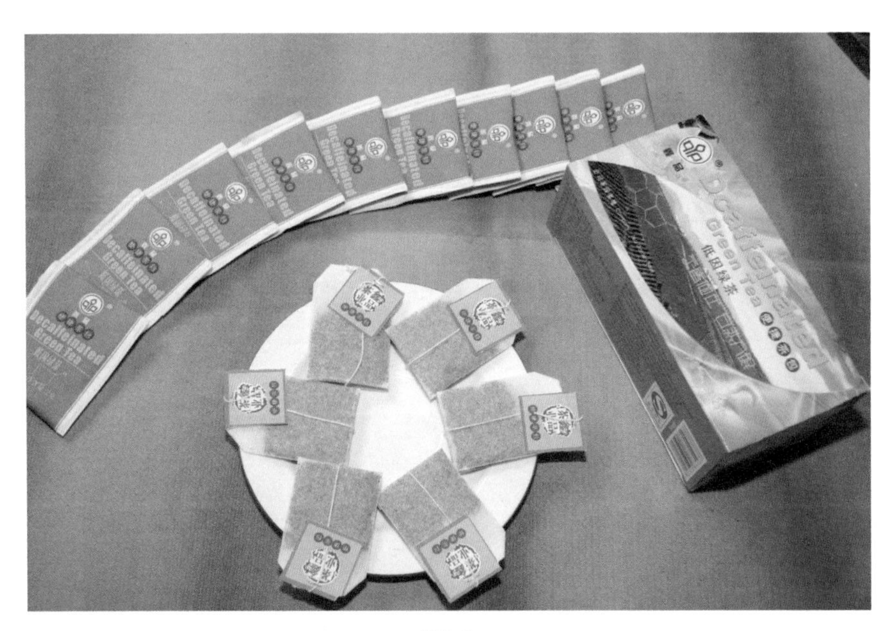

袋泡茶

袋泡茶可按内含物功能性、内袋茶包形状等进行分类划分。按内含物功能性划分，可分为纯茶型袋泡茶、混合型袋泡茶两大类。前者根据包装茶叶品类还可分为袋泡红茶、绿茶等，六大茶类齐全。后者多是茶叶与植物类保健茶原料等混合而成，如玫瑰、菊花、人参等。按内袋茶包形状可分为单室袋、双室袋和金字塔包三大类型。单室袋的袋泡茶茶包有信封形和圆形等。双室袋的茶包呈“W”形，冲泡时热水可以进入两边的茶袋之间，茶包易于下沉，茶汁也易于浸出。金字塔茶包呈三棱锥形，容量大，甚至能包装条形茶，是目前世界上最先进的袋泡茶包装形式。

（4）超微茶粉

超微茶粉，是采用特殊加工的茶叶为原料，经过超微化技术加工而成的、可以直接食用的呈超细颗粒状茶叶产品。颗粒大小一般在200目[①]以上，越细用途越多。目前，主要有超微绿茶粉和超微红茶粉两种，已广泛用于食品、饮料、日用化工等行业，尤其是超微绿茶粉，可作为面包糕点、面条、糖果等食品的添加剂，赋予食品天然的绿色色泽、健康及营养功能，应用于冰淇淋、口香糖、茶饮料等食品中还能有效防止食品氧化变质，延长其货架期。日本抹茶是采用经遮阴处理的茶树鲜叶和蒸青绿茶加工方式而成的茶叶为原料碾磨而成的一种超微茶粉。

超微茶粉

① 目为非法定计量单位，1 微米 =12500 目。——编者注

4. 深加工茶

(1) 饮料类茶产品

茶叶经水浸提、过滤和不同的制造过程，可以加工成可直接饮用或冲泡饮用的各种饮料类茶产品。主要包括固态茶饮料和液态茶饮料产品。

①固态茶饮料。固态茶饮料主要指速溶茶及其固体调饮终端茶产品。其中速溶茶粉是一种以传统茶叶为原料，经提取、澄清、浓缩、转溶、干燥等工艺加工而成的一种固态的、可速溶于水的茶制品。因其便捷性、天然性和功能性而广受消费者喜爱，它既可直接冲饮，也可作为茶饮料、茶食品和茶叶功能性成分提制的主要原料，目前市场上针对六大茶类都有相应的速溶茶产品。目前，国内市场上的固体调饮终端茶产品主要是固体奶茶饮料。

②液态茶饮料。液态茶饮料是指以茶叶的水提取液或其浓缩液、速溶茶粉等为原料，经加工制成的、具有茶叶风味的液体饮料。茶饮料根据产品风味分为：茶饮料（茶汤）、调味茶饮料、复（混）合茶饮料、茶浓缩液；其中茶饮料（茶汤）分为红茶饮料、绿茶饮料、乌龙茶饮料、花茶饮料、其他茶饮料；调味茶饮料分为果汁茶饮料、果味茶饮料、奶茶饮料、奶味茶饮料、碳酸茶饮料、其他调味茶饮料。目前，中国市场上的茶饮料以冰红茶、冰绿茶、奶茶饮料等调味茶饮料为主，而具有原茶风味的茶汤、茶饮料开始逐渐增多。

(2) 功能茶中间体及其保健茶产品

是指从茶叶中提取出来的具有药理或保健功能成分的中间体功能原料品，以及以此为原料通过科学配伍和设计而成的保健茶产品。主要包括茶

液态茶饮料

多酚、儿茶素、茶黄素、茶氨酸等中间体产品，以及具有抗氧化作用的茶多酚片、降脂降血糖的茶色素胶囊、安神作用的茶氨酸含片，以及各类含有茶叶提取物的减肥药、美容护肤品等。

（3）其他终端茶产品

利用茶叶深加工生产茶多酚、咖啡碱、茶色素等中间原料，通过多元化利用形成的其他终端茶制品。如利用茶叶中茶皂素的乳化、分散、去污、

茶多酚片

发泡等多种特性成功开发出茶皂素石蜡乳化剂、用于加气混凝土工业的气泡稳定剂和稳定型发气剂、茶皂素洗理香波、用于纺织印染的前处理剂、啤酒生产中的发泡–稳泡剂甚至是农药的增效剂和对虾养殖清塘剂等，利用茶多酚的抗氧化作用开发出的蔬菜水果和其他食品保鲜剂，以及其他添加茶叶有效成分的日化用品（如牙膏、纸巾等）、各类食品（口香糖、冰淇淋等）甚至纺织品（茶丝巾、口罩、茶袜子等）都前程似锦。

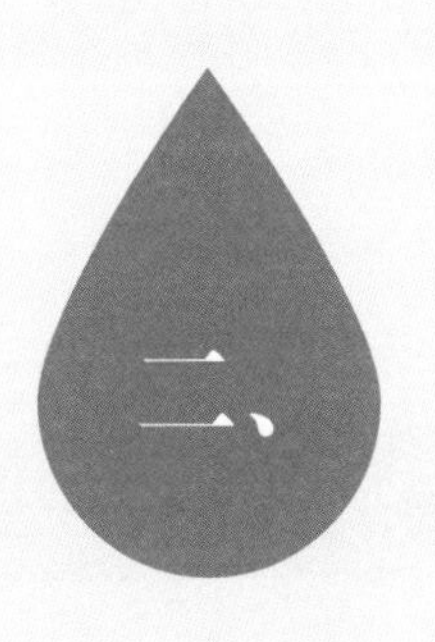

直播间：茶叶在线

（一）茶叶营养保健价值

茶不仅能够清凉解渴、陶冶情操，还具有较好的养生保健作用。目前，茶叶中已鉴定出了700多种化学成分，不仅共同组成了茶叶特有的色、香、味、形，其中不少内含组分也赋予了茶的保健功能。茶叶中主要由茶多酚及其氧化物、蛋白质、糖类、脂类、生物碱、氨基酸、有机酸、维生素、挥发性成分等化学成分组成，这些成分中有相当一部分具有生理活性，是茶叶保健作用的物质基础。

1. 茶叶主要营养保健成分

（1）茶叶特殊功能成分

茶多酚及其氧化物、茶氨酸、咖啡碱是茶叶的特征性成分，也是茶叶中的主要保健功能成分。

①茶多酚及其氧化物。

A. 茶多酚。茶多酚是茶叶中多酚类物质的总称，曾称茶单宁、茶鞣质，占干物质总量的20%～35%，具有含量高、分布广、变化大的特点，与茶叶品质密切相关。过去有人称茶多酚为鞣酸或单宁酸是不正确的。茶多酚的氧化程度是区分六大茶类的重要指标。一般来说，绿茶中茶多酚含量约为20%，黄茶、白茶、青茶为15%～20%，红茶为10%～15%，黑茶为

茶多酚粉末

5%～10%。茶多酚主要可分为四大类：黄烷醇类（儿茶素类）、黄酮类和黄酮醇类、花青素类和花白素类、酚酸和缩酚酸类。

黄酮类属于植物次生代谢产物，对紫外线（210～300纳米）有强烈吸收，可保护植物免受紫外线的伤害。在茶叶中，黄酮占干物质总量的3%～4%，主要以糖苷形式存在。目前已从茶叶中鉴定出了二十几种黄酮苷。大多黄酮苷的水溶液为深黄绿色，是绿茶茶汤呈现黄绿色的主要组分。

黄酮醇类在茶叶中同样主要以糖苷形式存在。目前在茶叶中发现的最重要的黄酮醇糖苷是芸香苷（又名维生素P、芦丁）。

花青素类和花白素类。花青素是广泛存在于植物中的水溶性天然色素。在自然状态下，花青素多以糖苷形式存在，称花色苷，是植物花瓣中的主要呈色物质，其颜色随pH变化会发生可逆改变。大多数花色苷在酸性条件下呈红色，在碱性环境下呈蓝色或紫色。在茶叶中，花青素含量因茶树品种、生长发育状态、环境条件而异。强光、高温可使茶叶中花青素含量上升，茶芽呈现紫色（俗称“紫

紫芽

芽”）。所以，不少茶区的夏茶会产生紫芽。一般而言，花青素占茶叶干重的0.01%左右。但在紫芽中，花青素含量可达0.5%～1.0%。使用花青素含量高的茶鲜叶制作绿茶，会使叶底呈靛蓝色，茶汤滋味苦涩，汤色褐绿。

花白素，又名隐色花青素，占茶叶干重的2%～3%。花白素本身无色，但在酸性条件下或者加热处理后可转变成花青素。

图2-4 红茶茶汤的“金圈”

B．儿茶素氧化物（茶色素）。儿茶素是茶叶中的主要多酚类物质，在发酵过程中，儿茶素可氧化聚合成茶色素。茶色素是红茶品质的重要物质基础，可分为茶黄素、茶红素、茶褐素三类。

茶黄素。茶黄素占红茶干重的0.3%～1.5%，呈橙黄色，为儿茶素类物质在多酚氧化酶的作用下氧化、聚合而成。高档红茶冲泡之后，杯壁与茶汤接触处会形成一个金黄色的圈，俗称“金圈”，这主要是由茶黄素所形成的。茶黄素的存在使得茶汤明亮、滋味鲜爽。

茶黄素

茶红素。茶红素占红茶干重的5%～11%，形成了红茶茶汤的鲜红特征，茶红素易溶于水，极性大于茶黄素，刺激性小于茶黄素。茶红素组成复杂，分子结构尚不明确。目前推测茶红素可能的形成途径有3条：由儿茶素经酶促反应直接氧化而来；茶黄素形成过程中的中间产物氧化而来；茶黄素氧化而来。

茶褐素。茶褐素占红茶干重的4%～9%，能使过度发酵或者陈年红茶的茶汤颜色发暗、滋味平淡。茶褐素易溶于水，不溶于乙酸乙酯、正丁醇等有机溶剂。茶褐素的组成非常复杂，不仅含有多酚类氧化聚合产物，还含有氨基酸、糖、蛋白质等结合物。

C．茶多酚及其氧化物的主要生理和药理功能。茶多酚及其氧化物主要具有抗氧化、抗菌、抗病毒、抗“三高”（高血压、高血脂、高血糖）、抗癌等多种生理和药理功能。

抗氧化功能。茶多酚及其氧化物能直接与多种自由基反应，使其失活；能活化机体的抗氧化酶系，增加机体抗氧化能力；还能与其他抗氧化剂产生协同效应，提高其抗氧化活性。据报道，茶多酚的抗氧化能力是传统抗氧化剂维生素E的18倍，维生素C的5～10倍。

抗菌、抗病毒功能。茶多酚及其氧化物具有强烈的沉淀蛋白质作用，可使病毒蛋白变性失活，可使细菌发生团聚，黏附作用下降，也可改变细菌细胞膜通透性，导致细菌死亡。茶多酚及氧化物对多种细菌、真菌、病毒有明显的抑制能力。与茶色素相比，茶多酚的效果更胜一筹。

肠道和血管调节功能。茶多酚及其氧化物能通过减少小肠吸收脂肪、抑制脂肪合成途径、促进脂肪氧化等途径来缓解高血脂症。能抑制肠道中淀粉水解和小肠上的葡萄糖转运载体来防止餐后血糖的迅速上升。能调节机体内血管紧张素Ⅱ水平，调节血压。因此，茶多酚及其氧化物具有一定的预防和辅助治疗“三高”的作用。

多种防癌、抗癌功能。茶多酚及其氧化产物主要通过增强机体免疫力、预防突变、杀伤癌细胞以及抗癌药物协同增效等途径来实现防癌和抗癌。除了上述作用，茶多酚及氧化产物在抗骨质疏松、抗过敏、防脱发、抗疲劳等方面亦有一定功效。

②茶氨酸。茶氨酸是一种不参与蛋白质组成的游离氨基酸，仅存在于一种真菌和少数山茶属植物中。茶氨酸占茶叶干重的0.4% ~3.0%，占茶叶游离氨基酸的50%以上，是茶叶中最重要的氨基酸。茶氨酸含量与茶叶品种、嫩度、加工方法有关。茶氨酸极易溶于水，有焦糖香和鲜爽味，能缓解茶汤的苦涩味、增加甜味。

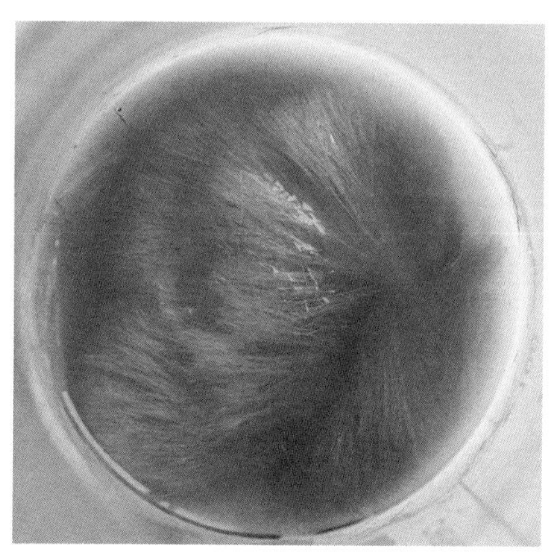

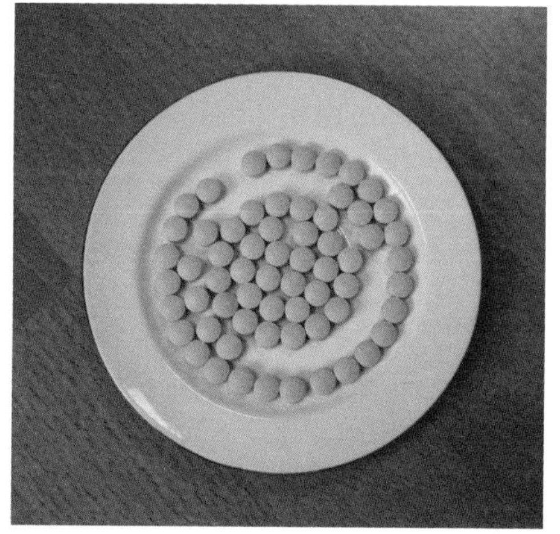

茶氨酸

茶氨酸主要对中枢神经系统、血压和免疫系统等具有多种生理和药理调节功能。

A．中枢神经系统调节功能。茶氨酸具有镇静功能，可缓解焦虑情绪；促进脑中枢多巴胺（dopamine）释放，提高脑内多巴胺的含量和胆碱酯酶活性；可减少因缺血导致的神经细胞损伤。可与谷氨酸竞争受体，预防谷氨酸过多引起的神经细胞死亡，从而预防老年痴呆症。对慢性不可预见温和应激诱发的抑郁症有一定的预防和治疗作用。

B．血压调节功能。茶氨酸可调节脑部色胺等参与血压调节的胺类物质，从而发挥降血压作用。

C.免疫系统调节功能。茶氨酸可增加机体细胞免疫和体液免疫功能，能提高多种肿瘤药物（如阿霉素、吡柔比星）的疗效，减轻某些抗肿瘤药物的副作用。另外，茶氨酸还具有抗衰老、改善经期综合症、抗糖尿病、保护心脑血管、减轻酒精对肝脏的损伤等作用。

③咖啡碱。咖啡碱、可可碱、茶碱是茶叶中的3种主要生物碱。三者之中，咖啡碱的含量最多，占茶叶干重的2%～4%，可可碱约占0.05%，茶碱约占0.002%。

咖啡碱属于甲基黄嘌呤类生物碱，易溶于水，特别易溶于热水，具有强烈的苦味。咖啡碱含量与茶树品种、新梢部位、栽培技术措施及生长环境有关，但在加工过程中的变化幅度不大。咖啡碱含量过高会造成茶汤发苦。一些茶汤在放凉之后会变浑浊（即“冷后浑”现象），加热后又变澄清。这是因为咖啡碱可与茶多酚及其氧化产物（茶黄素、茶红素等）

咖啡碱

"冷后浑"现象

络合，在高温下，络合物呈游离状态，使茶汤透明清亮；若温度不断降低，络合物间形成氢键，大粒径颗粒会逐渐增加，表现出胶体特性；最后产生凝聚作用，形成乳状物。"冷后浑"现象虽然是衡量红茶品质优劣的指标之一，但茶叶中咖啡碱与茶黄素结合呈黄亮色，与茶红素结合呈棕红色，与茶褐素结合呈暗黄褐色。所以，冷后浑汤色显亮的为佳品。一般而言，茶叶中咖啡碱含量随原料嫩度下降而降低，北方品种咖啡碱含量低于南方品种，春茶咖啡碱含量低于夏茶。

冷后混现象

扫一扫，了解更多吃的科学

咖啡碱可被人体经胃和小肠快速吸收，在肝脏中由细胞色素P450氧化酶系氧化，形成副黄嘌呤、可可碱和茶碱。咖啡碱的半衰期因人而异，差别很大。对于普通人而言，一般摄入2小时后，体内的大部分咖啡碱就排出体外了。口服避孕药者、肝病患者及儿童的咖啡碱半衰期较正常人明显延长。

咖啡碱对多脏器的生理功能有影响。

A．中枢神经兴奋调节功能。通过抑制磷酸二酯酶、拮抗γ－氨基丁酸受体和中枢腺苷受体A拮抗剂以及激动细胞内质网雷诺丁受体等进行调节，可以兴奋大脑皮质，振奋精神，减少疲劳感，提高注意力、自信心以及工作效率和积极性。

B．儿茶酚胺调节功能。咖啡碱能促进儿茶酚胺的合成和释放，具有加速心跳、加大心输出量的作用。

C．脑呼吸中枢和血管运动中枢调节功能。大剂量时，咖啡碱直接刺激大脑呼吸中枢和血管运动中枢，使呼吸加快、加深，血压上升。

D．肌肉调节与镇痛功能。咖啡碱可松弛支气管平滑肌，具有抗痉挛的作用；可以协同其他镇痛剂，可增强镇痛效果。除了上述功能，咖啡碱还有利尿、促进胃酸分泌、保护神经、抗氧化、抗菌、化疗增敏等作用。

(2) 茶叶中的主要营养素

除了上述3类特征成分，茶叶中还含有能维持人体健康以及提供生长、发育和人体能量所需要的多种营养素。

①维生素。茶类中含有丰富的维生素，占干重的0.6%～1.0%。通过喝茶，人们从茶叶中获得的多为水溶性维生素，包括维生素C、B族维生素、维生素P等。

A．维生素C。维生素C（抗坏血酸）是一种广泛存在于水果、蔬菜中的水溶性维生素。维生素C在绿茶（特别是名优绿茶）中的含量较高（可达2 500毫克/千克，有的甚至可高达5 000毫克/千克），乌龙茶次之，红茶中很少。因为在发酵的过程中，维生素C被严重降解、氧化。维生素C对高温、光线、氧气敏感，所以冲泡富含维生素C的茶叶时，水温不宜过高、泡茶时间不宜过长、不宜在环境中放置过久。

维生素C参与机体氧化还原代谢反应，缺乏时会引起坏血病。维生素C

的生理功能很多，包括促进胶原合成，有利于创面愈合；促进酪氨酸和色氨酸代谢；改善钙、铁、叶酸的利用；调节脂质（特别是胆固醇）的代谢，预防心血管疾病；促进牙齿和骨骼生长，防止关节、腰腿痛；增强机体抗应激能力和免疫力；防止牙龈出血等。

B．B族维生素。B族维生素包括维生素B_1、维生素B_2、维生素B_3（烟酸、尼克酸）、维生素B_5（泛酸）、维生素B_6、维生素B_{12}（钴胺素）、维生素B_9（叶酸）等。茶叶中，维生素B_1含量占干重的0.015%～0.060%，维生素B_2含量占0.012%～0.017%，维生素B_3含量占0.001%～0.002%，维生素B_5含量占0.005%～0.007%。

B族维生素对于维持心脏、神经系统、消化系统、皮肤功能有重要作用。缺乏时，可能导致周围神经炎、脚气、口角炎、溢脂性皮炎、巨幼细胞性贫血等疾病。维生素B_1是人体能量代谢（特别是糖代谢）所必需的，对于维持神经组织、肌肉、心脏的正常功能非常重要；缺乏时会引起脚气病、周围神经炎，严重时甚至会诱发韦尼克氏脑病及多神经炎性精神病。维生素B_2是体内黄素蛋白酶类的辅基，参与体内糖类、蛋白、核酸、脂肪的代谢，具有保护毛囊黏膜及皮脂腺的功能；是机体组织代谢和修复必须的营养素；参与维生素B_3和B_6的代谢，协调B族维生素作用；与机体铁的吸收、储存和动员有关。维生素B_3在体内可转化为烟酰胺，参与体内脂质代谢、糖类无氧分解等过程，缺乏时会导致“癞皮病”。维生素B_5是脂肪和糖类转变成能量时不可缺少的物质，在维持生长发育、肾上腺的正常机能、抗体的合成、头发及皮肤健康方面发挥重要作用，缺乏时可引起多种皮肤病。

C．维生素P。维生素P是一组生物类黄酮（典型代表：芸香苷），具有增强毛细血管壁弹性、降低微血管通透性，防止维生素C氧化、增强维生素C的作用。可用于预防和治疗牙龈出血，治疗因内耳疾病引起的浮肿或头晕。茶叶中含有多种维生素P，以芸香苷为主，在春茶中的含量约为3 400毫克/千克，夏茶中的含量约为4 150毫克/千克。

②矿质元素。茶叶中无机化合物占干重的3.5%～7.0%，经高温灼烧后的无机物称“灰分”。灰分分为水溶性灰分、水不溶性灰分和酸不溶性灰分。一般来说，嫩度高的茶叶水溶性灰分较高，嫩度低的茶叶总灰分较高。

茶叶含有约30种矿质元素。茶叶中的常量元素包括磷、钙、钾、钠、镁、硫等，其中钾是最主要的，占灰分的50%左右。茶叶中的微量元素主要是铝、氟、硒、铁、锰、锌、铜等，其含量因土壤中微量元素含量、叶片嫩度等而异。

一般来说，茶叶中锌元素的平均含量为20～60毫克/千克，而贵州凤冈地区出产的茶叶锌含量可达100毫克/千克。锰含量通常不低于300毫克/千克，在老叶中甚至可高达4 000～6 000毫克/千克。氟含量平均为100毫克/千克，嫩茶中氟含量较低（可低至20毫克/千克），粗老茶中氟含量较高（300～600毫克/千克）。铝含量为200～1 500毫克/千克，老叶中可高达20克/千克。硒含量为500～2 000微克/千克，而富硒地区出产的茶叶中硒含量可达5～6毫克/千克。

与一般食物相比，饮茶对钾、锰、锌、氟、硒等元素的摄入最有意义。钾参与细胞内糖、蛋白质的代谢，参与维持细胞内、外液的渗透压和酸碱平衡，对于维持神经肌肉的兴奋性和心肌功能不可缺少。锰是正常机体必需的微量元素之一，是体内多种具有重要酶的辅因子，有促进骨骼生长发育、保护线粒体完整性、维持正常脑功能、维持正常的糖代谢和脂肪代谢、改善机体造血功能等作用。锌在促进人体生长发育、维持正常食欲、增强免疫力、促进创口愈合、促进维生素A吸收代谢、维持男性正常生精功能、维持脑部正常运作等方面有重要作用。氟也是人体必需的微量元素，在骨骼、牙齿的形成中有重要作用。缺氟易导致骨质疏松、龋齿。硒是人体中多种蛋白（如谷胱甘肽过氧化物酶、脱碘酶、硒蛋白P）的组成成分，具有抗氧化、抗癌、解毒（拮抗重金属）、维持心肌正常功能、维持正常生殖功能、调节免疫力、调节血脂、保护视力等作用。由于茶叶中水溶性灰分仅占总灰分的50%～60%，所以“吃”茶比“喝”茶更能充分利用矿质元素。

③膳食纤维。膳食纤维的定义有两种。生理学角度将膳食纤维定义为哺乳动物消化系统内未被消化的植物细胞的残存物，包括纤维素、半纤维素、果胶、抗性淀粉和木质素等；化学角度将膳食纤维定义为植物的非淀粉多糖加木质素。膳食纤维可分为可溶性膳食纤维和非可溶性膳食纤维。前者包括部分半纤维素、果胶和树胶等，后者包括纤维素、木质素等。由于膳食纤维既不能被胃肠道消化吸收，也不产生能量，曾一度被认为是“无营养物质”。随着科学发展，人们逐渐发现膳食纤维具有相当重要的生理作用。可溶性膳食纤维在胃肠道内和淀粉等碳水化合物交织在一起，并延缓后者的吸收，故可以起到降低餐后血糖的作用；不可溶性纤维对人体的作用首先在于促进胃肠道蠕动，加快食物通过胃肠道，减少吸收，另外不可溶性纤维在大肠中吸收水分软化大便，可以起到防治便秘的作用。

茶叶中的糖类包括单糖、双糖、多糖，占干重的25%～40%，是干茶中含量相对较高的一类物质。其中的单糖、双糖易溶于水，又被称为可溶性糖，含量为0.8%～4.0%。茶叶中的多糖包括淀粉、纤维素、半纤维素、果胶等物质。在这之中，淀粉含量占0.2%～2.0%，其余几乎都是膳食纤维（其中水溶性膳食纤维占3%～7%）。

茶叶中的果胶可细分为果胶酸、果胶素和原果胶。果胶酸、果酵素总称为水溶性果胶，在茶鲜叶中含量为1.5%左右。水溶性果胶的存在使得茶汤味道甘甜而醇厚，干茶条索紧结、色泽油润。原果胶是植物细胞壁的构成物质，由果胶素、果胶酸和阿拉伯糖、半乳糖、鼠李糖等形成带支链的结构，与纤维素、半纤维素黏合在一起形成的，不溶于水，在茶鲜叶中的含量约为8%。

茶叶多糖复合物（简称茶多糖）是一类杂多糖复合物，由糖类、蛋白、果胶、灰分等物质组成。一般而言，粗老原料中多糖含量更高，未发酵茶类多糖含量高于发酵茶类。茶多糖结构复杂，不同茶多糖的单糖组分、分子量、糖苷键类型及连接方式、配体蛋白、三级结构等有差异，生物学表现也不同。

目前，已证实茶多糖具有抗氧化、抗疲劳、抗辐射、降血糖、降血脂、抗血栓、抗癌、增强免疫力等生理功效。

A．抗自由基。茶多糖对自由基均有一定的清除作用，进而起到抗氧化作用。

B．抗疲劳。茶多糖具有一定的抗疲劳作用，可降低长期大负荷运动实验动物血清、心肌中丙二醛（MDA，膜脂过氧化指标）含量，活化超氧化物歧化酶（SOD）和过氧化氢酶（CAT）；可降低运动后实验动物血清尿素含量，延长运动时间、提高运动耐力。

C．血糖调节。茶多糖对I型和II型糖尿病都有一定的疗效，可从多条途径发挥降血糖作用。茶多糖可通过增强超氧化物歧化酶和谷胱甘肽过氧化物酶（GSH-Px）活性、减少丙二醛含量，从而保护胰岛β细胞和肝脏细胞，增加胰岛素的分泌量。可显著增强葡萄糖激酶和己糖激酶的活性，促进糖酵解和糖原合成，降低血糖水平。对α-葡萄糖苷酶也有较强的抑制作用，可明显降低小肠刷状缘囊泡葡萄糖转运能力，减少机体对糖类的吸收。

D．其他多器官功能调节。茶多糖能剂量依赖性降低血清中总胆固醇、低密度脂蛋白含量；提高肝脏抗氧化能力，减轻高脂引起的肝脏病变程度；降低血脂，预防动脉粥样硬化；延长活化部分凝血活酶时间（APTT）和凝血酶时间（TT），通过内源性途径干扰凝血，发挥抗血栓作用。

E. 抗癌、增强免疫力。茶多糖还能抑制多种能导致腹水的癌细胞增殖，增加癌症实验动物脾指数和胸腺指数，提高淋巴细胞转化率和吞噬细胞吞噬功能，发挥抗癌的作用。

④蛋白质。茶叶中蛋白质含量占干重的20%～30%，其中能溶于水的蛋白质仅有1%～2%。水溶性蛋白对茶汤滋味有影响。茶叶中的蛋白可细分为清蛋白（约占3.5%）、球蛋白（约占0.9%）、醇溶蛋白（约占13.6%）、谷蛋白（约占82.0%）四大类。茶叶中的水溶性蛋白为清蛋白，其余各种蛋白不能通过热水冲泡溶出，但可通过吃茶的方式摄入。研究显示，茶蛋白及其降解多肽在预防辐射引起的突变、抗氧化、降血脂、抗凝血、增强非特异性免疫等方面有一定作用。

(3) 其他成分

①茶皂素。茶皂素（茶皂苷）是一类存在于山茶属植物中的齐墩果烷型五环三萜类皂苷，由皂苷元（配基）、糖体、糖醛酸和有机酸四部分组成，相对分子量1200～2800，约占茶叶干重的9%。茶皂素易溶于含水的甲醇、乙醇、正丁醇、冰醋酸中，能溶于水、热醇，难溶于冷水、无水乙醇，不溶于乙醚、苯等非极性溶剂。茶皂素味苦而辛辣，具有多种表面活性（如发泡、稳泡、分散），是冲泡茶叶时产生泡沫的主

市售茶皂素洗手液

要成分。一般来说，老叶、茶籽、茶树花中茶皂素含量较高。

茶皂素具有多种生理功能。茶皂素可抑制大肠杆菌增殖，能灭活H1N1病毒、H3N2病毒，具有一定的抗菌、抗病毒能力；能明显抑制炎症引起的组织肿胀作用，有一定的抗过敏功效；能调节血脂，降低血液黏度，预防动脉粥样硬化，保护心肌细胞；能降低自发性高血压模型大鼠的血压；能减轻酒精对胃和肝脏的损伤；能诱导肾上腺皮质激素分泌。近年来，还发现茶皂素对多种癌细胞具有杀伤作用。另外，茶皂素作为一种非离子型表面活性剂，兼具一定的抗氧化和抗菌作用，使其在日化行业中也有应用价值（如用于制作肥皂、牙膏、洗手液、果蔬净等）。

②挥发性成分。挥发性成分在茶叶中的含量很低（红茶中占干重的0.01%～0.03%，绿茶中占0.005%～0.020%），但是种类复杂。茶叶中的挥发性成分包括醇类、醛类、酮类、酯类、内酯类、酸类、酚类、杂氧化合物、含硫化合物等。挥发性成分的组成及比例不同，形成了不同茶叶各自独特的香气特征。研究表明，绿茶、红茶、乌龙茶三大茶类中普遍存在芳樟醇及其氧化物、香叶醇、苯甲醇、茉莉酮酸甲酯等成分，黑茶中的挥发性物质以甲氧基化合物、醛酮类和醇类为主。

近年来，研究发现许多茶叶挥发性成分不仅具有香气，对人的心情产生调节作用，还被证明具有多样化的生理活性。新鲜茶叶挥发油与成品茶挥发油不仅对多种肠道致病菌（包括大肠杆菌、伤寒沙门氏菌、鼠伤寒沙门氏菌、肠炎沙门氏菌、福氏志贺菌、金黄色葡萄球菌、白色假丝酵母菌）都有良好的抑制和灭活作用，而且对羟自由基的清除效果十分显著。普洱茶挥发性成分也具有抗氧化活性，其抗氧化活性与甲氧基苯类化合物和芳樟醇氧化物的相对含量正相关。铁观音挥发性物质同样具有抗氧化活性，能显著提高果蝇体内超氧化物歧化酶活性，降低雌性果蝇丙二醛水平，提高雌性果蝇总抗氧化能力，延长果蝇平均寿命。铁观音挥发性物质还具有

一定的抗癌作用，能诱导肺癌细胞凋亡。

芳樟醇、香叶醇、橙花叔醇、β－紫罗酮是其中几种比较关键的生理活性成分。芳樟醇不但能抗菌、消炎止痛、镇静抗焦虑、驱避杀虫，还可在肿瘤化疗中发挥增敏作用。香叶醇对多种肿瘤细胞都有抑制作用，同时还有平喘、提高多种抗生素（包括内酰胺类、喹诺酮类、氯霉素类）药效和对抗革兰氏阴性菌的多重耐药性、驱避蚊虫等作用。橙花叔醇是花香型茶叶的重要香气成分，在日化产品（如洗发水、香水、洗涤剂）和食品中被广泛使用，具有抗氧化、抗菌、预防寄生虫病、驱避昆虫、促进胃溃疡创面愈合、消炎镇痛、抗癌等功效。β－紫罗酮具有紫罗兰香气，不仅对绿茶香气贡献较大，对肿瘤的发生和发展有明显的抑制作用。另外，β－紫罗酮还有抗致畸毒性、抗真菌、降血脂等作用。

2．茶叶主要营养保健功能

茶叶中富含茶多酚及其氧化物、茶氨酸、咖啡碱、茶多糖、茶皂素等对人体具有保健作用的化学成分。综合已有的研究报道，喝茶一般具有抗氧化、降脂减肥、调节肠道和维持口腔健康等几种主要营养保健功能。

(1) 具有显著的清除自由基、抗氧化功能

过量自由基是影响人体健康的重要因素。自由基是具有非偶电子的基团或原子，具有很高的化学反应活性，受光、热、微波、辐射等影响都能产生。人体内，适量的自由基可以帮助机体清除变异细胞、外来微生物，维持机体正常的免疫功能；能作为信号转导分子介导细胞内外和细胞间的信号的传递。然而，过多的自由基会对细胞产生毒害作用，引发衰老、癌

症、动脉硬化等疾病。虽然机体内存在酶抗氧化（包括超氧化物歧化酶、过氧化氢酶、谷胱甘肽过氧化物酶等）和非酶抗氧化（包括谷胱甘肽、维生素C、维生素E等）两套抗氧化系统，可以防止机体内自由基水平过高，但生活中许多自由基来自于体外，过多自由基会对体内抗氧化系统造成损害。因此，有必要通过补充外源性自由基清除剂来阻断自由基入侵机体、帮助机体清除过多自由基。

茶叶中富含多酚及其氧化物、维生素C、多糖等天然植物抗氧化成分。因此，喝茶可被用于预防因过多自由基产生的心血管疾病、紫外线诱导的皮肤损伤和延缓衰老。

①预防心血管疾病。心血管疾病是危害人类生命健康的严重疾病，患病率和死亡率均居各类疾病之首。而自由基可使低密度脂蛋白发生氧化，形成氧化型低密度脂蛋白，与心血管疾病（特别是动脉硬化）的形成关系密切。

A．氧化型低密度脂蛋白对泡沫细胞的形成起核心作用，后者是动脉硬化的最重要病理学标志。

B．氧化型低密度脂蛋白被巨噬细胞摄取和蓄积后，会促使巨噬细胞产生毒性并转变成泡沫细胞，泡沫细胞堆积可形成脂质条纹乃至脂质斑块。

C.氧化型低密度脂蛋白可促进内皮细胞、平滑肌细胞增生以及平滑肌细胞移行，导致血管内膜增厚；刺激组织因子、促凝血因子-1等的表达，从而促进血小板黏附、聚集，形成血栓；促进血管内皮细胞和平滑肌细胞分泌内皮素-I、血管紧张素II等缩

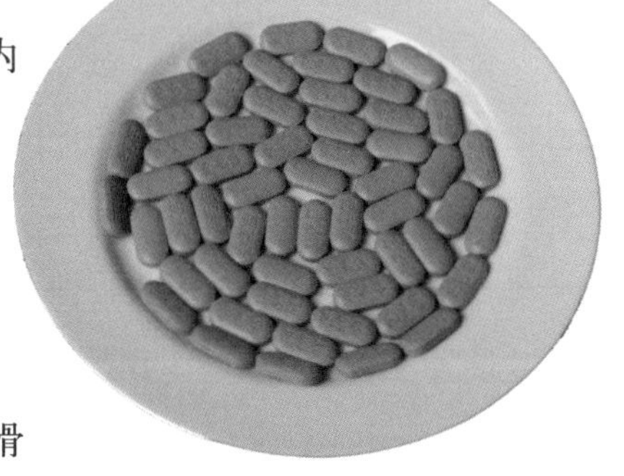

茶多酚片

血管多肽，导致血管收缩；损伤内皮细胞，是内皮细胞通透性改变，甚至坏死。

大量流行病学调查研究和实验研究表明，茶及有效成分对心血管疾病具有预防和治疗作用。每天喝1～2杯茶可使患动脉硬化的概率降低46%，每天喝4杯以上的茶则可降低69%。茶多酚及其氧化产物是茶叶中主要起作用的成分，能够干预低密度脂蛋白氧化修饰，抑制巨噬细胞摄取氧化型低密度脂蛋白，减少泡沫细胞的产生。可以减少氧化型低密度脂蛋白诱导的细胞间黏附因子细胞间黏附分子－Ⅰ、血管细胞黏附分子－Ⅰ表达，抑制氧化型低密度脂蛋白诱导的单核细胞-内皮细胞黏附。能降低氧化型低密度脂蛋白引起的内皮细胞内活性氧水平升高，减少内皮细胞的损伤与老化；有抗凝血、促纤维蛋白原溶解、抑制血小板黏附和聚集、降低内皮素水平的作用。

②预防紫外线诱导的皮肤损伤。紫外线指的是电磁波谱中波长从10～400纳米辐射的总称，可细分为UVA（紫外线A，波长320～400纳米，长波）、UVB（波长290～320纳米，中波）、UVC（波长100～290纳米，短波）。紫外线照射会让皮肤产生大量自由基，导致细胞膜的过氧化反应，使黑色素细胞产生更多的黑色素，并往上分布到表皮角质层，形成黑色斑点。紫外线可以说是造成皮肤老化、松弛、产生皱纹及黑斑的元凶。

茶多酚、维生素C等成分通过降低皮肤紫外线吸收、消除紫外线引起的自由基和抑制紫外线诱导的DNA损伤等途径，显著降低紫外线诱导的皮肤损伤。

A．在紫外波段有强吸收特性。将茶汤涂于皮肤表面，这些物质可以通过直接吸收的方式来减少到达皮肤的紫外线数量，从而降低日光对皮肤的损伤。

B.能够与自由基发生反应，及时除去紫外线照射引起的皮肤组织内自由基累积，同时还能够活化机体抗氧化酶系，增强机体本身的清除自由基能力。

C.对紫外线诱导的DNA损伤具有抑制作用，可有效防止紫外线引起的皮肤细胞突变，从而降低皮肤癌的发生概率。

另外，维生素C具有促进胶原蛋白合成的作用，能帮助修复紫外线引起的胶原蛋白变性；茶多酚则能抑制胶原蛋白酶的活性，减少胶原蛋白的水解，使皮肤保持弹性，防止皱纹产生；多酚类物质和维生素C还均有抑制黑色素细胞增殖、抑制酪氨酸酶活性、减少黑色素生成的作用，可有效防止紫外线引起的皮肤变黑。

③延缓衰老。衰老是身体各组织、器官功能随着年龄增长而发生的退行性变化，主要表现为各器官和系统结构改变与功能衰退、机体适应性和抵抗力减退的过程。一般认为，衰老主要是自由基等引起的生化损伤导致的机体积累性改变。随着年龄增长，机体内抗氧化系统活性降低，体内自由基水平过高，而过剩的自由基氧化核酸、蛋白、脂质等生物大分子，形成过氧化物，从而引起细胞衰老，甚至死亡，在宏观上表现为机体衰老。

茶能够有效清除生化反应产生的各种自由基、活化机体抗氧化酶系，减少DNA损伤，防止基因突变；能降低体内丙二醛水平，保护细胞内线粒体结构和功能的完整性，保护细胞；能减少脂质过氧化形成的脂褐质，抑制老年斑的形成；能活化免疫细胞、促进免疫细胞增殖，使免疫系统能够及时清除机体内的老化、变异细胞；能活化机体内重要的抗氧化物质——由谷胱甘肽合成的限速酶，提高体内谷胱甘肽水平，增强机体抗氧化能力，预防β-淀粉样蛋白的积累，延缓神经系统的衰退等。

（2）具有较明显的降脂减肥功能

肥胖是当今社会非常普遍的一种代谢综合征，是由于食欲调节和能量代谢功能长期紊乱引起的体内脂肪积累。肥胖与II型糖尿病、冠心病、癌症、呼吸系统疾病、骨关节炎等疾病的发生密切相关。目前市场上有多种减肥药物，但大多具有副作用。

市场上一些含茶减肥产品

茶作为一种天然饮料，一直以来被人饮用，日常食用并未发现有何毒性。茶能消脂，自古以来都是边疆人民生活的必需品。现代研究对于哪一类茶的降脂减肥效果最好并无定论，但是毫无意外地表明不同的茶类均有一定的降脂减肥效果，能减轻体重，降低血清中总胆固醇和总甘油三酯含量。

茶有效成分主要通过抑制食物的水解和调节肝脏、脂肪组织中脂质代谢等来实现降脂减肥的功能。

①抑制食物的水解。茶可通过抑制胰脂肪酶活性来抑制膳食中脂肪的水解，抑制餐后血清甘油三酯升高，促进肠道脂质排泄；可降低淀粉酶活性，抑制膳食中的淀粉水解成可溶性糖，并且可降低肠细胞的葡萄糖转运体，阻碍肠道吸收葡萄糖。

②调节肝脏、脂肪组织中脂质的代谢。茶可以显著降低肝脏中脂肪合成相关酶（如脂肪酸合酶、甘油三磷酸酰基转移酶）的表达量和活性，减少机体中甘油三酯的积累；与此同时，茶能增加脂肪分解代谢相关酶（如激素敏感性脂肪酶、解偶联蛋白-1）表达量和活性，促进脂肪氧化、分解。此外，茶能够抑制脂肪细胞增殖和分化，诱导脂肪细胞凋亡，从而减少脂肪细胞数量。

（3）具有一定的肠道调节功能

肠道是人体最大的消化器官，也是人体最大的排毒器官。汉代名医张仲景在《伤寒杂病论》中记述："茶治便脓血甚效。"现代医学表明，茶是治疗肠道疾病的良药，具有调节肠道菌群、改善肠道免疫的功效。

①茶具有通肠润便的功效。黑茶、绿茶都能增加小肠运动、缩短排便时间、增加排便量，服用茶粉比饮茶效果更好。

②茶也具有抗腹泻作用。茶对肠道致病菌（如大肠埃希氏菌和金黄色葡萄球菌）有抑制效果，对肠道益生菌（如双歧杆菌、乳酸杆菌）有促进效果，可对抗腹泻导致的肠道菌群紊乱，帮助肠道菌群恢复平衡。一般来说，未发酵茶的效果比发酵茶的效果略好。茶还能减轻回、结肠肠道黏膜脱落现象和肠道肿胀，减少促肠道蠕动因子的分泌，增加小肠黏液中抗体sIgA、白细胞介素-2的含量，调节肠道免疫，修复受损黏膜。

③茶还能调节高脂饮食机体的肠道菌落结构，从而影响代谢。如绿茶茶汤可以改善肠道中拟杆菌门与厚壁菌门的相对丰度，降低厚壁菌门与拟杆菌门比例；六堡茶提取物能够调节高脂饮食引起的小鼠肠道菌群紊乱；茶多酚干预能有效缓解高脂饮食引起的肠道菌群多样性降低以及血清中甘油三脂、胆固醇和低密度脂蛋白的升高。

（4）具有良好的维持口腔健康功能

经常饮茶可以使得口气清新、牙齿坚固。研究显示，茶多酚及其氧化物在口腔中降解缓慢，含漱或者饮用后可以在较长时间内发挥防治口腔疾病的作用。茶多酚及其氧化物能从多角度发挥口腔保健作用，对龋齿、牙周病、口腔黏膜病（如口腔溃疡）、甚至口腔癌都有一定的预防作用。

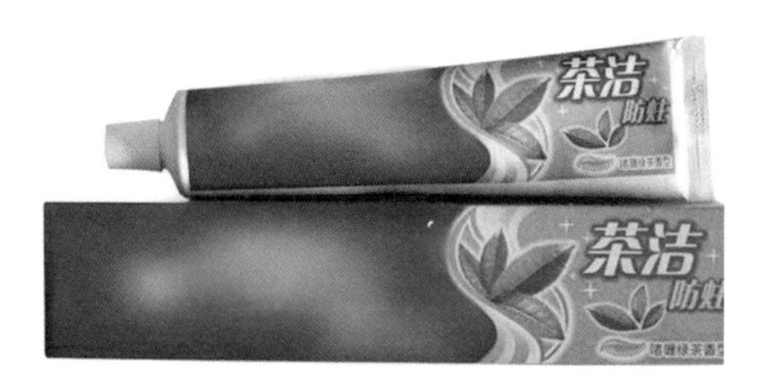

市场上的含茶牙膏、漱口水

第一，茶多酚及其氧化物含有较多游离羟基，可与蛋白质、氨基酸结合，沉淀蛋白，对细菌具有广泛的抑制和杀灭作用。研究发现，茶多酚及其氧化物对变形链球菌、远缘链球菌、黏性放线菌和血链球菌等主要口腔致龋菌的生长和产酸能力有抑制作用；可抑制牙周病致病菌牙龈卟啉单胞菌的生长、对口腔上皮细胞的黏附及其分泌的胶原酶蛋白水解活性；对普通变形杆菌、肺炎球菌、坏死梭杆菌、金黄色葡萄球菌等口腔咽喉致病菌也有抑制杀伤作用。

第二，茶多酚及其氧化物具有很强的除臭能力，既能直接清除引起口臭的气体甲硫醇，也能通过杀灭产生口臭的各种微生物来减少口臭气体。

第三，茶多酚及其氧化物能清除过量自由基，增强口腔黏膜免疫力，抑制溃疡面上细菌生长繁殖，促进口腔上皮细胞增殖，加速溃疡面愈合。

（二）茶产品加工方法

中国茶叶加工历史悠久，花色品种众多，从加工层面可划分为初加工茶叶、再加工茶叶和深加工茶制品三大类产品。

1. 初加工茶叶

中国传统初加工茶叶有绿茶、红茶、乌龙茶、白茶、黄茶、黑茶六大类，每个茶类还有许多不同的花色品种，这些初加工茶的品质特征及风格是由所采用的茶树鲜叶和加工工艺所决定的。

（1）茶树鲜叶是初加工茶的基础

茶鲜叶是初加工茶品质形成的物质基础，其品质与品种适制性、种植环境和采摘管理等密切相关。

不同茶树品种的芽叶

①品种适制性。中国不同茶树品种鲜叶的芽叶形状、叶色、长短、大小，以及内含物质成分存在非常大的区别，这些不同的茶树鲜叶适合加工不同类型的初加工茶，有着明显的适制特性，如名优绿茶一般应采用适宜的中小叶品种，大叶种适

合加工国际流行的红碎茶，乌龙茶应采用乌龙茶品种等。

②种植环境。一般受到茶树生长环境、土壤、季节等因素的综合影响。如绿茶，通常以春季鲜叶加工的茶叶品质较好，秋季的次之，夏季的最差；茶树地域环境对茶叶品质也有较大的影响，通常以生长于高山、云雾、沙壤等环境中的茶树鲜叶加工的茶叶品质较好。

③采摘管理。除考虑农药残留、重金属、非茶夹杂物、微生物等安全卫生质量外，采摘的茶鲜叶理化质量主要包括鲜叶嫩度、匀度、净度和新鲜度等指标。其中不含非茶夹杂物（净度）、新鲜且无红梗红叶是茶鲜叶的基本要求，而鲜叶嫩度和均匀度是鲜叶质量好坏的主要考虑因素，多数茶类的原料嫩度相对较好、均匀性越高的鲜叶加工的茶叶品质较佳。对一个固定区域的茶园而言，采摘管理对茶鲜叶原料的品质至关重要。茶鲜叶采摘一般采用单手或双手提采，严格按加工产品的分级要求，不采紫色芽叶、不采病虫芽叶、不采碎叶，不带老叶、老梗、夹蒂、杂物等，鲜叶外形差异较大的应分别采摘与管理。鲜叶要轻采轻放，盛装和贮运鲜叶的器具应采用清洁、通风性能良好的竹编茶篮或篓筐，不得使用布袋、塑料袋等软包装材料，不得挤压和日晒、雨淋，以保持茶叶的新鲜度。

（2）初加工茶“色香味形”的形成

绝大多数茶树上的鲜叶颜色是绿色的，外形是芽叶状的，风味是青涩的，那么中国六大类初加工茶截然不同的色香味形品质及其风格是如何形成的呢？

①“千变万化”的茶叶外观色泽。茶鲜叶颜色主要由各类叶绿素和类胡萝卜素等脂溶性色素所决定，主要受加工工艺和鲜叶原料色泽的影响。茶鲜叶经过不同方式的杀青和不同时间、程度和发酵等，降解和部分保留鲜叶中的脂溶性色素，氧化形成脱镁叶绿素及茶黄素、茶红素和茶褐素等

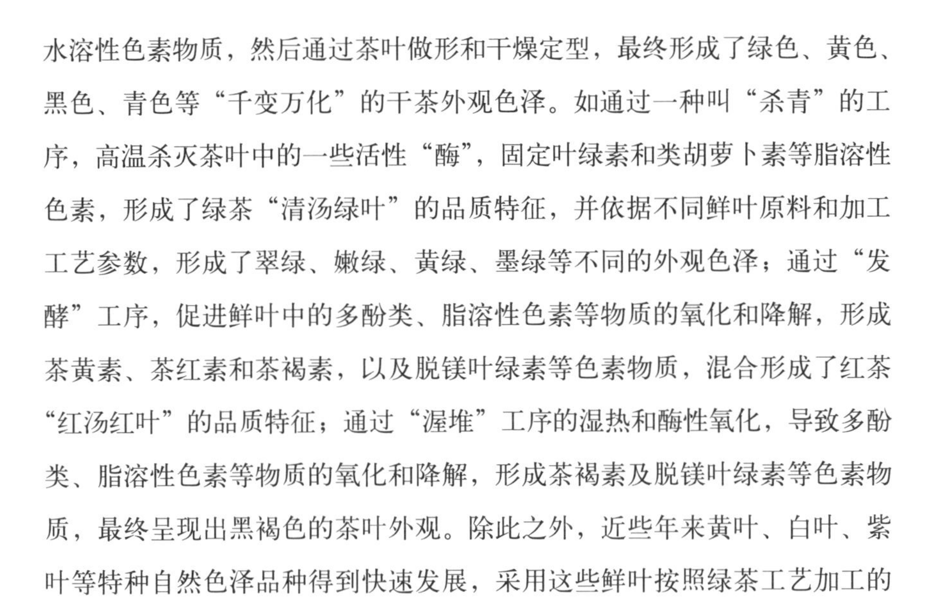

水溶性色素物质，然后通过茶叶做形和干燥定型，最终形成了绿色、黄色、黑色、青色等“千变万化”的干茶外观色泽。如通过一种叫“杀青”的工序，高温杀灭茶叶中的一些活性“酶”，固定叶绿素和类胡萝卜素等脂溶性色素，形成了绿茶“清汤绿叶”的品质特征，并依据不同鲜叶原料和加工工艺参数，形成了翠绿、嫩绿、黄绿、墨绿等不同的外观色泽；通过“发酵”工序，促进鲜叶中的多酚类、脂溶性色素等物质的氧化和降解，形成茶黄素、茶红素和茶褐素，以及脱镁叶绿素等色素物质，混合形成了红茶“红汤红叶”的品质特征；通过“渥堆”工序的湿热和酶性氧化，导致多酚类、脂溶性色素等物质的氧化和降解，形成茶褐素及脱镁叶绿素等色素物质，最终呈现出黑褐色的茶叶外观。除此之外，近些年来黄叶、白叶、紫叶等特种自然色泽品种得到快速发展，采用这些鲜叶按照绿茶工艺加工的产品如安吉白茶、缙云黄茶、天台黄茶、广元黄茶，以及云南紫鹃茶等茶叶外观会呈现品种茶叶本色，色泽鲜艳光润，与一般茶的颜色截然不同。这些具有特种颜色的茶叶与传统六大茶类一起形成了外观颜色绚丽多彩的茶叶产品。

不同色泽的茶叶

②**“千差万别”的茶叶风味。**茶鲜叶的香气和滋味以“青气、青涩”为主调，但通过不同加工工序与工艺后，形成了“千差万别”的茶叶风味。中国的初加工茶叶可呈现出“浓强”“浓厚”“鲜爽”“鲜醇”“醇爽”“醇厚”“醇和”“醇正”等多样化的滋味品质和“陈香”“高香”“栗香”“豆

香”“嫩香”“花香”“果香”“蜜香”“甜香”等多样化的香气品质。

茶叶风味的形成与茶鲜叶内在的风味物质和加工工艺密切相关。

A．茶鲜叶内在的风味物质是基础，受品种、气候、土壤等的综合影响。有些特殊的风味如“鲜爽”滋味、“兰花”香等特殊花果香，只有采用特殊的品种或特殊地域环境中生长的茶树鲜叶加工才能形成。

B．加工工艺是茶风味品质形成的关键。茶鲜叶通过杀青、萎凋、做青、发酵、闷黄、渥堆等特殊加工工序，发生或不发生酶性、非酶性氧化反应，使茶叶中的风味物质构成发生重大转变，并进一步通过揉捻做形改变滋味的溶出特性，通过干燥、提香释放和固化风味品质，最后形成了多姿多彩的初加工茶风味品质特征。

③“千姿百态”的茶叶外形。注重茶叶外观形状是中国茶叶区别于国外的一大特点，尤其以名优绿茶为多。中国茶叶的外形主要有“扁形”“卷曲形”“圆形”“针形”“芽形”“直条形”及“尖型”“片型”“工艺型”等各种外观形状。

茶鲜叶的外形是芽叶状的，只有通过加工才能形成这些多样化的茶叶外形。茶叶加工中有许多做形工序，有的是单独做形的，也有的是将做形与杀青、干燥等其他工序结合在一起进行。比如西湖龙井茶、洞庭碧螺春等都是边干燥、边做形的，而黄山毛峰茶是由独立的揉捻工序做形完成的。

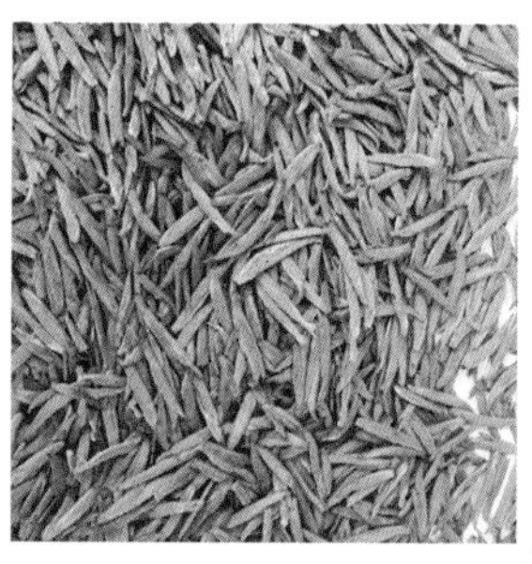

不同形状的绿茶产品

不同颜色的茶叶产品

(3) 初加工茶的加工方法

①绿茶加工方法。

A．基本工艺及原理。绿茶属不发酵茶，其加工工艺一般由摊放、杀青、揉捻（做形）和干燥等4个工序组成。

“摊放”是绿茶加工和品质形成的基础，主要通过鲜叶失水，促进鲜叶体内理化变化，激发氧化还原酶、水解酶等酶活性，改变和优化茶叶品质组分构成，同时促使叶质柔软，便于后道工序的作业。通常以叶色转暗、叶质变软、无青草气，茶叶含水量70%左右为适度指标。

高温“杀青”是绿茶加工的关键工序。一般以叶色暗绿、茶香产生，茶叶含水量55%～60%为适度指标。

揉捻（做形）是绿茶加工的主要外形形成工序。通过特定的做形工序形成中国绿茶特有的外形特色要求。揉捻是最常用的方法，主要是促使茶叶卷成条索，形成特有外形，同时适度破坏叶细胞组织，便于冲泡。

干燥是绿茶品质形成并固定的关键工序。中国绿茶一般需多次干燥，蒸发去除茶叶中的水分，使茶叶达到产品标准要求，同时促使绿茶色、香、味、形品质的形成。在许多中国名优绿茶中，揉捻（做形）和干燥是相互交错进行的，通过这两个工序的有机结合和共同作用，来发展香气、改善滋味、美化外形，并形成中国绿茶丰富多彩的品类。

B．名优绿茶加工方法。中国传统的名优绿茶基本为手工制作，随着社会经济的发展，大多数名优绿茶实现了机械化加工。

手工名优绿茶。传统名优绿茶种类繁多，外形特征鲜明，品质风格千差万别，因此手工名优绿茶的加工方法复杂而多样。总体而言，制茶锅、烘笼等是手工名优绿茶的主要制作工具，按照摊放、杀青、揉捻（做形）和干燥等4个工序进行加工，茶叶一般都是采用人手在锅内炒制，或结合烘笼烘焙制作而成。像传统西湖龙井、洞庭碧螺春等名优绿茶基本都是在炒茶锅里完成杀青、做形（压扁或揉捻）和干燥等工序；信阳毛尖等名优绿茶是在炒茶锅里完成杀青和做形，出锅冷却后在烘笼中进行2～3次的干燥；而黄山毛峰等名优绿茶一般是在炒茶锅里完成杀青，出锅冷却后采用手工揉捻成形，最后在烘笼中经过2～3次的干燥完成茶叶制作。

机制名优绿茶。随着中国名优绿茶产量的不断增加和劳动力短缺的日益严重，近些年自动摊放机、杀青机、揉捻机、炒干机、烘干机、各类形

西湖龙井茶手工加工车间

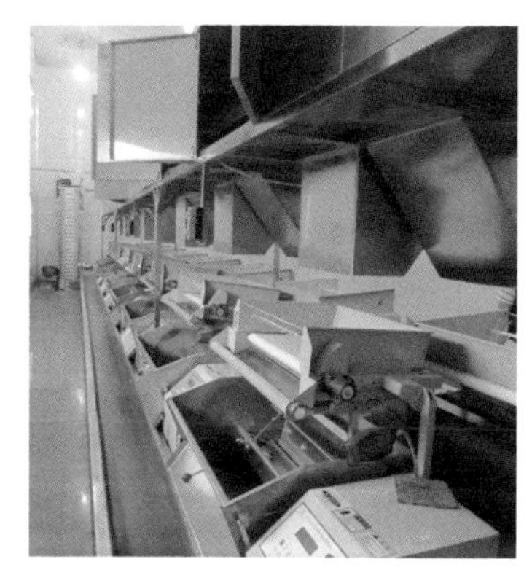

机制扁形茶加工生产线

状的炒制机等名优绿茶机械加工设备得到飞速发展，目前机制扁形茶、针芽形茶、毛峰茶、条形茶等名优绿茶都已实现了全程的机械化加工。如采用摊放机可实现鲜叶的自动摊放，电磁滚筒杀青机、微波杀青机、高温气热杀青机等杀青机可实现茶叶的连续化杀青；揉捻机、扁茶炒制机、多功能理条机、曲毫机等可实现或部分实现茶叶的扁形、条形、针芽形、圆形的制作。

C．大宗绿茶加工方法。中国大宗绿茶主要包括长炒青、圆炒青、烘青绿茶、蒸青绿茶等多种类型，其中长炒青、圆炒青是出口眉茶和珠茶的初加工原料茶。大宗绿茶加工工艺与名优绿茶基本相似，但也有一些不同点。一般长炒青绿茶加工工序为：杀青→揉捻→二青→三青→辉干，圆炒青绿茶加工工序为：杀青→揉捻→二青→小锅→对锅→大锅，烘青绿茶加工工序为：杀青→揉捻→毛火→足火，蒸青绿茶加工工序为：蒸青→叶打→粗揉→揉捻→中揉→精揉→烘干。目前，中国大型茶厂多用连续化设备生产，小型茶厂则使用单机为多。

②红茶加工方法。

A．基本工艺与原理。红茶属全发酵茶，主要通过萎凋、揉捻（揉切）、发酵、干燥4个工序加工而成。

萎凋是基础。主要是通过鲜叶的适度失水，软化叶质，便于造形，同时激发和优化鲜叶内化学组成，为红茶品质的形成奠定基础。

揉捻（揉切）是前提。主要是破坏鲜叶细胞组织，加速多酚类化合物的酶促氧化；促使叶片卷紧成条，塑造美观的外形。揉出茶汁，既便于冲泡又能增进成品茶的色泽和滋味。

发酵是关键。主要是引起鲜叶中多酚类化合物的酶促作用，产生一系列鲜叶内含物质的氧化、聚合，形成茶黄素、茶红素等有色物质以及具有特殊风味的物质，形成红茶特有的色、香、味品质特征。

干燥是成型。利用高温迅速钝化酶的活性，终止酶促氧化，固定发酵品质；散发低沸点的青草气味，激发并保留高沸点的香气物质，获得红茶特有的甜香；缩紧茶条，固定外形，蒸发水分，达到足干，以保持茶叶的品质。

B．工夫红茶加工方法。工夫红茶是一种条形红茶，以安徽祁红、云南滇红等为典型代表，是国内主要消费的红茶品类。工夫红茶加工主要包括萎凋、揉捻、发酵、干燥4个工序，传统工夫红茶采用手工制作，目前已基本实现机械化加工。

工夫红茶“萎凋”主要有日光萎凋、室内自然萎凋、萎凋槽萎凋、萎凋机萎凋及各种形式的加温萎凋法。其中萎凋槽萎凋具有简单、方便、造价低、工效高等诸多优点，是目前红茶萎凋最常用的方法。一般萎凋至叶形萎缩，叶质柔软，叶色转暗，表面光泽消失，青草气减退，透出清香，水分含量60%～64%为度。工夫红茶“揉捻”主要采用各式揉捻机，主要通过投叶量、揉捻时间及加压方式3个因素对揉捻叶质量进行调控，以条索紧卷，茶汁充分外溢，叶片基本成条为揉捻适度。功夫红茶“发酵”主要采用室内自然发酵和发酵室（房）、发酵机、发酵塔、发酵柜等人工发酵设施，主要通过控制环境温度、湿度、通气供氧、时间、摊叶厚度等参数来调节茶叶发酵品质，以使青草气消失，清新的花果香显现，叶色红变为发酵适度。“干燥”主要采用烘笼、烘箱、烘干机等几种烘焙设施进行。传统中国工夫红茶一般采用烘笼烘干，目前，规模化大生产已基本采用烘干机或烘箱烘干，主要通过调控热风温度、风量、摊叶厚度、烘干时间等参数进行控制，一般分毛火、足火2次烘干进行。

工夫红茶萎凋槽萎凋和连续式发酵箱

C．红碎茶加工方法。红碎茶是国际市场上销售量最大的茶类，占国际茶叶贸易总量的80%以上。红碎茶加工由萎凋、揉切、发酵和干燥等4个工序组成，目前已实现了连续化加工。

红碎茶“萎凋”主要采用萎凋槽进行，萎凋叶含水量控制一般比工夫红茶的要求高。红碎茶“揉切”主要包括转子机法、C.T.C法、L.T.P法等多种加工方法。其中C.T.C揉切法加工的产品具有颗粒紧结重实、滋味浓强鲜爽、汤色红亮、叶底红匀鲜活等诸多优异特点，是国际上普遍使用、比较理想的加工方法。红碎茶“发酵”工艺与功夫红茶基本一致，以叶色开始红变，呈黄或黄红色，青草气味消失，透出清香或花、果香味为适度，但红碎茶发酵叶细小，发酵快，更需要透气、控温、掌湿，避免发酵过度。红碎茶外形颗粒较小，“干燥”方法及工艺参数与红条茶有些区别，目前，

先进工艺主要采用卧式流化床烘干机一次干燥法。

③乌龙茶加工方法。

A．基本工艺与原理。乌龙茶属半发酵茶，主要通过萎凋、做青、炒青和做形、干燥等工序加工而成，根据摇青、发酵程度和是否有包揉做形工艺等可将乌龙茶分成以“武夷岩茶”和“安溪铁观音”为代表的两大类。通过“萎凋”作业，为后段发酵与做形奠定基础。“做青”是乌龙茶加工的关键工序，主要通过动态摇青和静态晾青的交替，促进鲜叶中儿茶素适度氧化降解，促进叶绿素、类胡萝卜素等色素物质氧化降解和挥发性香气物质转化形成，使蛋白质、脂类、原果胶、多糖等降解形成氨基酸、醇、酸、单糖等。通过“炒青和做形”彻底破坏各种酶的活性，形成特有的外观特征，提高茶叶的耐泡性。通过“干燥”固定乌龙茶的外形，发展乌龙茶特有的香气与滋味品质。

B．武夷岩茶加工方法。高级武夷岩茶主要以手工或单机制作为主，主要加工工艺流程为：萎凋（包括晒青、凉青）、做青（包括摇青、静置）、炒青、揉捻、毛火（包括摊放）、足火6道工序。一般主要利用阳光或热空气进行日光萎凋和加温萎凋，“做青”一般采用人工的水筛筛动或卧式圆桶摇青机的机械滚动进行，然后采用滚筒杀青机进行“炒青”，采用大小不同的揉捻机进行揉捻，最后采用烘笼或烘干机进行干燥和提香。

C．铁观音茶加工方法。主要采用手工或单机制作为主，主要加工工艺流程为：萎凋、做青、炒青、揉捻、初烘、初包揉、复烘、复包揉、足干等工序。一般首先采用日光晒青和室内的自然凉青相结合的方式进行“萎凋”后，再采用人工水筛摇青或卧式圆桶摇青机等方法进行“做青”，一般做青程度比武夷岩茶要轻，之后采用滚筒杀青机、揉捻机和烘干机（或烘笼）分别进行“炒青”“揉捻”和“初烘”，然后采用手工滚动推揉的方式或采用包揉机、整形机等设备对茶叶进行“包揉”，先轻后重逐渐将茶叶包紧，接着

铁观音茶摇青机

白茶萎凋间

采用烘干机（或烘笼）对茶叶进行复烘，然后再次通过包揉包紧茶叶，最后采用烘干机或烘笼、提香机等设备对茶叶进行足干和提香。

④白茶加工方法。

A．基本工艺与原理。白茶加工工艺较为简单，主要通过萎凋和烘焙加工而成。萎凋是白茶的关键工序，主要是通过鲜叶大量失水，增强细胞膜透性，柔软叶质的同时，激发鲜叶中的酶活性，释放有效成分。增加有利于品质的小分子成分，氧化减少苦涩味的多酚类化合物。而后通过干燥形成白茶特有的品质风格。

B．白茶加工方法。传统白茶主要包括白毫银针、白牡丹、贡眉、寿眉四大类。

白毫银针。一般以茶芽为原料，传统制法主要有福鼎制法和政和制法两大类。福鼎制法：以日光萎凋为主。将茶芽均匀薄摊至水筛上，茶芽不重叠，置于晾架上日晒，晒至八九成干后，采用30～40℃的文火以焙笼烘焙至足干。政和制法：将茶芽摊在通风阴凉处或微弱日光下萎凋至七八成干，然后在烈日下晒至足干。

白牡丹。一般采用福鼎大白茶、福鼎大毫茶、福安大白茶、政和大白茶及福建水仙等品种茶树的一芽二三叶为原料。主要采用自然萎凋法、复式萎凋法、加温萎凋法3种萎凋方法。

自然萎凋法。常温常湿下将鲜叶均匀摊放在萎凋帘架或水筛上进行萎凋，茶芽不重叠。当萎凋历时35～45小时，萎凋干度达七八成干时，须进行拼筛（两筛并一筛）处理。拼筛后继续萎凋12～14小时，干度达九成干时，就可下筛拣剔。

复式萎凋法。在早晨和傍晚微弱阳光下轻晒鲜叶20～30分钟，晒至叶片微热时移入室内萎凋，待萎凋叶温下降后，可再次日照处理，一般循环2～4次，总日照时数1～2小时即可。

加温萎凋法。一般采用萎凋槽进行。将鲜叶均匀摊放萎凋框或帘上，采用间歇式鼓风方式鼓热风，直至达到萎凋适度。萎凋好的茶叶经70～80℃的烘笼烘焙至足干即可。

贡眉和寿眉的加工方法与白牡丹基本相似。

⑤黄茶加工方法。

A．基本工艺与原理。目前黄茶主要以手工或单机制作为主，一般通过杀青、(揉捻)、闷黄、干燥等工序加工而成。与绿茶相似，采用高温“杀青”使酶失活，固定茶叶中的色素物质。“闷黄”是形成黄茶品质的关键性特有工序，主要采用闷堆的方法，促使鲜叶中叶绿素、多酚类、儿茶素（酯型儿茶素）等含量的减少和可溶性糖等增加，促使黄色外观显露和醇爽滋味的形成，并结合后期的干燥工序形成其特有的香气。

B．君山银针加工方法。君山银针采用单芽制成，主要通过杀青、初烘、初包、复烘、复包、足火、分级等工序加工而成。一般采用杀青锅或滚筒杀青机进行高温“杀青”，采用烘笼或烘干机将杀青叶初步烘干，下烘后采用双层皮纸将茶叶装成一包，置于无异味的木制或铁制箱内进行“闷黄”一段时间，然后重复一次烘干和闷黄工序，最后采用烘笼或烘干机将茶叶烘焙足干。

⑥黑茶加工方法。

A．基本工艺与原理。黑茶属于后发酵茶，主要通过杀青、揉捻、（晒干）、渥堆、干燥等几道工序加工而成，其中云南普洱茶渥堆是在其晒干成为毛茶之后进行。黑茶的杀青、揉捻、干燥等工序的作用与工艺基本与绿茶相似。渥堆是黑茶的关键工序和特有工序，主要是通过茶堆的高温湿热和微生物及其分泌的胞外酶的多重作用，使茶叶中的化学物质发生剧烈变化，如叶绿素、类胡萝卜素极度降解，以茶多酚、氨基酸、糖为主的茶叶滋味物质发生氧化、聚合、降解和分解转化，形成黑茶特有的色香味品质。

茶渥堆间

B．湖南黑毛茶加工方法。湖南黑茶主产于湖南益阳安化和桃江、长沙宁乡、常德汉寿和岳阳临湘等地。黑毛茶是湖南黑茶的基本原料，主要通过杀青、揉捻、渥堆、复揉和干燥等工序加工而成。湖南黑毛茶采用的原料较粗，所以杀青工序采用“灌浆杀青”的方法，一般用茶鲜叶重量10%左右的水，喷洒在鲜茶上，然后采用手工杀青或锅式、滚筒杀青机进行杀青，趁热采用中大型揉捻机进行揉捻，然后放至渥堆间“堆积渥堆”至适度后，采用揉捻机进行复揉，最后采用七星灶，用松柴明火对茶叶进行干燥，至足干即可。

C．晒青毛茶和普洱散茶加工方法。普洱茶是主产于中国云南省的西双版纳、临沧、普洱等地区的一类重要边销茶。晒青毛茶、普洱散茶是加工普洱饼茶的主要原料。晒青毛茶是普洱茶产品的基本原料，主要通过杀青、揉捻、晒干等工序加工而成，除了“干燥”工序采用太阳晒干外，其他加工方法基本与初制绿茶工艺相似。普洱散茶是晒青毛茶通过渥堆、干燥而形成的黑毛茶产品，一般加入部分水于晒青毛茶中，将受潮后的茶叶堆成一定厚度进行自然发酵至适度，一般需要30～40天，中间需翻堆3～4次，然后开堆摊凉，自然风干2～3天，经过复筛、拣剔等处理后即可匀堆成箱。

D．其他黑毛茶加工方法。广西六堡茶加工与湖南黑茶的加工方法基本相似，一般通过杀青、初揉、闷堆、复揉和干燥而成；四川南路边茶在杀青后闷堆，一般采用一炒、三蒸、三踩、四堆、四晒和二拣等十几道工序组合加工而成。湖北老青茶根据鲜叶好坏，分别对较好的面茶和较差的里茶进行加工。面茶一般经杀青、初揉、初晒、复炒、复揉、渥堆、晒干而制成，里茶一般经杀青、揉捻、渥堆、晒干而制成。

2．再加工茶

(1) 茉莉花茶加工方法

茉莉花茶是中国最重要的一种花茶产品。加工方法主要包括传统的干窨工艺、湿坯连窨工艺和隔离窨花工艺3种。其中传统的干窨工艺是目前最主要的茉莉花茶窨制方法。

茉莉花茶窨制工艺流程为：茶坯处理、鲜花维护、窨花拌和、通花散热、续窨、出花、烘干、转窨或提花、起花、匀堆装箱、压花、打底等。

①茶坯处理和鲜花维护是茉莉花茶窨制的准备环节。茶坯处理主要是对茶坯进行复火干燥，以增加吸香能力，一般含水率控制在4%～5%。鲜花维护主要是对鲜花进行一定的温、湿度处理和控制，以促进鲜花开放吐香，一般掌握80%～85%的开放率为宜。

②窨花拌和和通花散热是茉莉花茶窨制的关键工艺环节。根据待窨制花茶的品级要求确定窨制的次数和配花量，等级越高配花量和窨次越多，窨制方式一般采用箱窨或囤窨进行。当窨制的花茶温度超过50℃时，需要将窨制品摊开，降低堆内温度，即“通花散热”。当在窨品温度下降到35～38℃后，再将在窨品重新堆放到囤或箱内，进行“收堆续窨”。

③出花和烘干是续窨的连接环节。续窨结束后，用抖筛机把花渣从茶坯中筛出，然后采用高温、快速、安全的烘干法将茶坯复火干燥，进行再窨或提花。

④提花是保证产品品质的重要环节。提花是产品出厂前的最后一道工序，用少量最好的鲜花再窨一次，以提高茉莉花茶的鲜灵度。

(2) 紧压茶加工方法

传统紧压茶是以黑毛茶或晒青毛茶等原料，经过压制造型而成的一种再加工茶产品。传统紧压茶产品花色品种繁多，主要有天尖、贡尖、生尖、黑砖茶、花砖茶、茯砖茶等湖南紧压茶和青砖茶、米砖茶等湖北紧压茶、云南普洱茶（沱茶、七子饼茶、紧茶、方茶等）、广西六堡茶以及四川的康砖茶、金尖茶、方包茶等产品。不同产品的加工工艺都不完全一样，但基本包括毛茶拼配、蒸茶压制和烘干包装3个关键技术环节。

①毛茶拼配。根据不同产品对毛茶原料等级的要求，选用不同级别、不同地区和不同季节的毛茶原料进行品质调剂和拼配。有的产品还会根据紧压茶“面茶”和“里茶”的不同需求，分别进行拼配，一般“面茶”的原料品级要求要高于“里茶”的原料品级。

②**蒸茶压制**。这是紧压茶产品形成的关键技术环节。主要包括称茶、蒸茶、压模、脱模、修边等几个工序。“称茶”要根据不同紧压茶重量规格标准要求，考虑毛茶中加入水分的量来进行茶叶的称取。“蒸茶”采用各种不同的蒸汽，主要是将茶叶蒸软并富有黏性。“压模”是紧压茶压制成型的主要步骤，技术的关键是采用合适的压力，让茶叶既不会散开，又不会因为太紧实、不透气而不利于陈化。

③**烘干包装**。一般采用专用的烘房进行烘干，工艺参数上重点把握温度的控制，一般掌握“先低后高，逐步均衡上升”的原则。如湖南黑砖茶一般采取“三八”加温方法效果较好，即开始温度为38℃，1～3天内，每隔8小时加温1℃；4～6天每隔8小时加温2℃；以后每隔8小时加温3℃；掌握最高不超过75℃。包装前必须对紧压茶的重量和包装材料严格检查，严格按要求和规范进行包装。

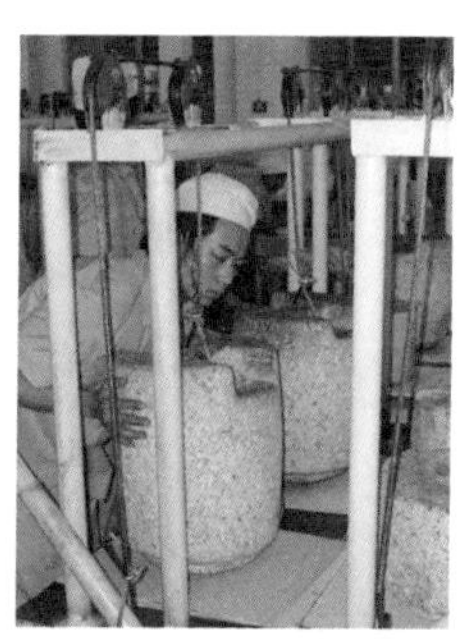

称茶 → 蒸茶 → 压制 → 脱模 → 干燥

紧压茶加工图

(3) 袋泡茶加工方法

袋泡茶是一种用可实现快速冲泡的滤袋包装而成的再加工茶产品，其包装和饮用方式与一般传统散茶均不同，具有简便、清洁、快速、方便等特点。

袋泡茶能实现快速冲泡的关键是可快速溶出内含物的茶叶原料、袋泡茶包装机和袋泡茶包装材料三大技术的突破。

①**袋泡茶专用原料**。为提高茶叶的浸出速率，一般袋泡茶原料应为正常鲜叶加工成的16～40目的颗粒碎茶，茶叶的滋味、香气、汤色、浓涩度等风味品质和茶叶含水率等均应符合茶叶的标准要求。原料加工上可采用袋泡茶原料专用技术从鲜叶开始进行生产，如CTC红碎茶加工技术，也可以采用传统茶叶进行粉碎处理而成。

②**袋泡茶包装材料**。茶叶滤纸（滤网）是一种特殊的材料，既能保证茶叶的有效成分快速扩散至茶汤，又能阻止袋内的茶叶末不会渗出到茶汤，同时本身无味、无臭、无毒，符合食品卫生要求。包装袋有单室袋和双室袋、金字塔三角袋等形状。

③**袋泡茶自动包装设备**。目前，国内外都有各种类型的袋泡茶自动包装设备，主要在自动化程度和包装速度上有所不同。采用袋泡茶自动包装设备，可以实现袋泡茶称量、内袋封装、标签吊线、外袋包装封装以及外包装盒的包装等作业工序，高级袋泡茶自动包装设备可实现全程自动化包装。

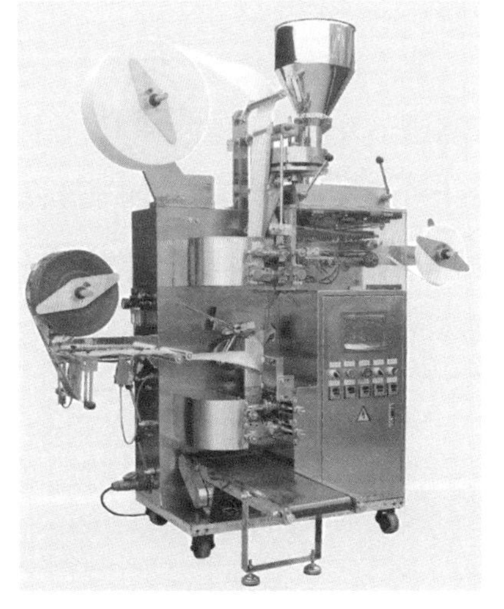

自动包装设备

(4) 超微茶粉加工方法

超微茶粉一般是指颗粒度小于200目的粉末状茶产品，主要经过特殊的粉碎或研磨工艺加工而成，可直接饮用或作为各类食品的添加使用。其中超微绿茶粉是主要的产品种类。

原料生产技术和超微粉碎技术是超微茶粉加工的两个关键技术环节。

①原料生产技术。根据超微茶粉的安全、色艳等特殊要求，借鉴传统茶叶生产技术，集成相应的生产技术，如超微绿茶粉的原料生产一般是围绕“保绿”，采用有机茶园的茶树遮阴和鲜叶蒸汽杀青或高温气热杀青、快速脱水等加工技术，实现超微粉茶的安全品质和鲜绿色泽的要求。

②超微粉碎技术。主要采用气流式粉碎机、球磨式粉碎机和机械剪切式粉碎机等各类超微粉碎设备加工而成。

3. 深加工茶产品

(1) 速溶茶加工方法

速溶茶具有健康、快捷、方便、卫生等诸多优点，可实现即冲即饮、不留渣，方便与牛奶、糖料、香料、果汁等调制出各种风味的饮品。从口感上可分为纯速溶茶和调味速溶茶；从外形上可分为粉状、颗粒状和片装等，通常以粉状为主；从产品的溶解性上可分为冷水可溶型和热水可溶型；从干燥方式上可分为喷雾粉和冻干粉。

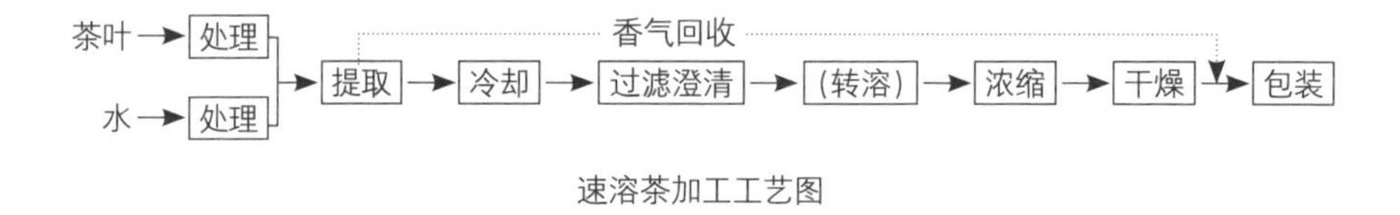

速溶茶加工工艺图

速溶茶加工主要包括原料的选择和处理、提取、过滤澄清（转溶）、浓缩、干燥等工序。速溶茶加工的基本原理是采用适当的提取方法将茶叶中全部或部分品质成分物质提取出来，采取适当的过滤或澄清处理来去除杂质或难溶物，然后通过浓缩和干燥去除水分，最终形成可速溶的粉体产品。

在具体工艺的掌握上，一般先根据不同速溶茶产品的需要，选择出地域、品种、季节和伸育度等合适的茶叶原料，对其进行必要的整理、拼配和烘焙处理，以提高速溶茶产品的品质及其稳定性。然后，根据速溶茶产品风味品质、产量的不同追求，选择合适的提取方式，优化茶水比、提取温度、时间等工艺参数，将品质成分提取出来，一般高档速溶茶更注重风味品质，而低档速溶茶注重产品产量。之后选用合适的离心澄清或膜过滤方式，将茶汁中的杂质去除。最后，通过合适的浓缩和干燥将水分去除，高档速溶茶一般采用膜浓缩和冷冻干燥技术，而低档速溶茶多采用真空浓缩和喷雾干燥技术为主。

（2）液态茶饮料加工方法

液态茶饮料是指采用茶叶或速溶茶（茶浓缩汁）为主要原料加工而成的各类罐装、瓶装饮料产品。根据原材料和加工工艺的不同，液态茶饮料可分为纯茶饮料（即茶汤饮料）和调味茶饮料两大类，其中调味茶饮料又可分为果汁或果味型茶饮料、含乳茶饮料、碳酸茶饮料及保健茶饮料等几类。

依据原料不同，液态茶饮料加工可分为两种加工工艺。

①以茶叶为原料的加工工艺。主要包括原料处理、茶汤提取、澄清过滤、调配、杀菌和包装、检验、装箱等作业工序。液态茶饮料加工的基本原理是采用适合的提取方式与工艺参数将部分品质和功能成分提取出来，采用

澄清、过滤处理除去易沉淀的杂质和化合物组分，通过调配实现产品的风味品质和化学成分的有效控制，最后经过灭菌和包装，加工出最终的液态茶饮料产品。

②以速溶茶为原料的加工工艺。主要包括原料溶解、调配、杀菌和包装、检验、装箱等作业工序。主要工艺与方法与以茶叶为原料的全程工艺的后半段基本一致。另外，依包装材料不同，茶饮料加工工艺也略有不同。一般金属罐装茶饮料是先灌装后高温灭菌，而瓶装茶饮料是先灭菌后灌装。

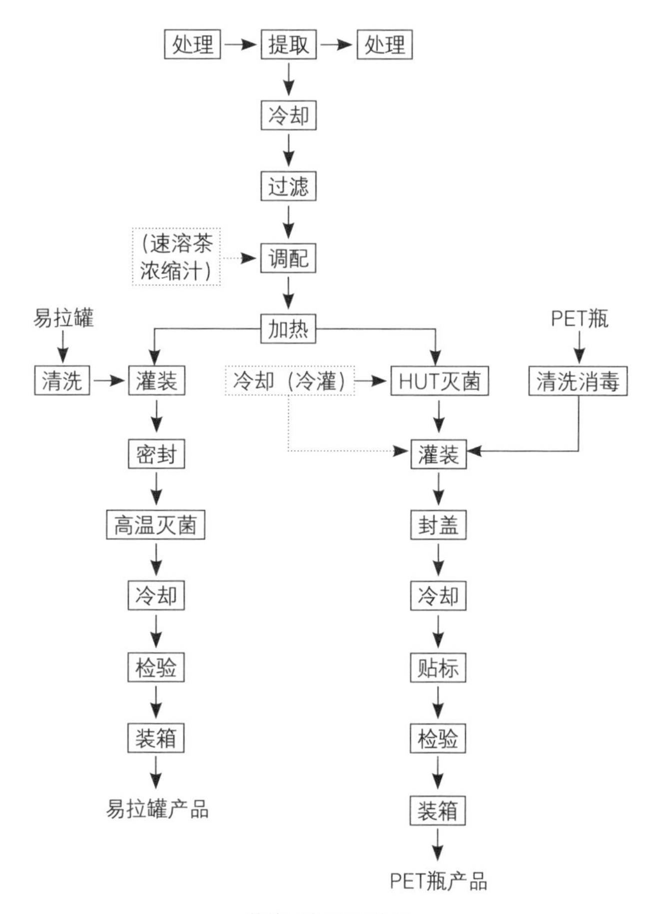

茶饮料加工工艺图

（三）茶叶的选购

1. 茶叶选购的原则

中国茶叶采摘、加工与饮用的历史十分悠久，茶叶种类繁多，制作工艺各不相同，品质风格千差万别。通常根据品质等级，将茶叶分为名优茶和大宗茶。名优茶一般指原料嫩度好，造型和风味佳，以及有人文特色的茶，对色香味形都有较高的要求。而大宗茶原料嫩度稍低，对内质风味品质的要求明显高于对外形的要求，两者价格差别较大，消费者购买时应根据自身需求选择适当的产品。

一般来讲，茶叶选购须遵从以下原则。

（1）依人选茶

中国六大茶类品质特色各不相同，花色品种的品质风格也有所区别。茶叶作为一种嗜好性消费品，有人喜欢绿茶的清鲜，有人喜欢红茶的高甜。体热的人适合铁观音，体寒的人适合岩茶，因此，选购茶叶时要根据自身喜好与体质条件选择相应的茶叶品类。

（2）依需选茶

采摘标准和制作工艺不同，茶叶的等级和品质差别很大，价格也不同。六大茶类中都有名优茶，但名优红茶、绿茶、黄茶、白茶的采摘标准往往高于一芽二叶，较为细嫩，而乌龙茶、黑茶依据茶类产品标准采摘，原料略为粗大一些。由此名优茶品质优异且造型各有特色，所以价格较高。大宗茶对嫩度要求不高，只要外形匀齐、香味纯正即可，价格比较便宜。一般普通超市售卖的以大宗茶为主，专门的茶叶经营店既有大宗茶，又有名优茶，而清茶馆和茶会所则以名优茶为主。因此，可根据消费定位选择相应等级和价格的茶叶产品。

（3）包装茶看品牌和包装标识

包装标识包括企业品牌、茶叶名称、产地、原料、生产日期、生产厂家及地址、净含量、质量等级、规格、产品执行标准、保质期、贮藏方法，以及生产许可证号等。

目前，中国食品生产许可标识有QS（食品质量安全）和SC（食品生产许可）两种，2019年开始全部采用SC标志，食品生产许可是食品质量安全保障的最低要求，根据农产品质量安全的不同要求，还有有机茶、绿色食品茶叶和无公害茶三类。无公害茶和绿色食品茶叶生产中允许使用农药和化肥，但绿色食品茶叶用量和残留量比无公害茶要严格；有机茶禁止使用化学合成的农药、化肥、激素等，禁止使用基因工程技术及该技术的产物及衍生物，要求最为严格。除此之外，还有其他标识，如地理标志产品标识，主要用于鉴别某一茶叶的产地，如西湖龙井的地理标志是用于鉴别是否正宗西湖龙井的依据之一。

（4）散装茶要学会选购技巧

通过看外形，判断茶叶的嫩度，匀齐度；通过摸茶条，判断茶叶的重实度和干燥度；通过闻香气，判断茶叶感官正常度，以及是否有特色香型；通过尝滋味，判断茶汤的浓涩度和甘鲜度，从而选择适合自己口感的茶品。

2．茶叶选购的技巧

茶叶选购时可运用一看、二摸、三尝、四闻等技巧，确保选到色、香、味、形俱佳的茶。

（1）选购技巧一：用眼看

主要看茶叶的外形、汤色和叶底。在选购茶叶时，视觉判断占有重要地位，应尽可能要求商家冲泡茶叶对茶汤和冲泡剩余的叶底进行观察。在选购时应尽量在相同的光照条件下进行视觉判断。

①看外形。外形包括形状、嫩度、色泽、匀度（整碎）、净度等要素。形状指茶叶的造型、大小、粗细、宽窄、长短、厚薄、规整等，嫩度指产品原料的生长程度，色泽是指茶叶表面颜色的深浅程度，匀整度指茶叶的大小均匀度和完整程度，净度是指茶梗、茶片及非茶叶夹杂物的含量。另外，细嫩的茶芽上有细密的茸毛，加工成成品茶后称为茶毫，白茶、绿茶毫色银白，黄茶毫色嫩黄，红茶毫色金黄，是从外观辨别茶叶嫩度的重要手段之一。

品质好的名优茶外形必须整齐、匀净、重实，色泽鲜活油润。一般名优绿茶外形可分为扁平形、燕尾形、松针形、针芽形、卷曲形、颗粒形、片形、玉兰花形等；名优红茶外形一般为卷曲形、松针形或颗粒形，少部分为芽形，高档茶金毫显露甚至满披金毫；名优黄茶和白茶一般为芽茶或小茶，即嫩度一芽二叶初展以上；名优乌龙茶和黑茶较难完全依靠外形进行判断，但仍可通过茶叶的紧结度和重实度进行评估，以紧结度、重实度高的为好。

大宗茶以茶条大小、粗细一致，色泽匀齐正常为好，不含有大量的茶梗、茶片，碎末茶含量少。同一色泽类型的茶叶以鲜活、重实、有光泽者

为好，轻飘、枯暗者劣。

②看汤色。对冲泡后沥出的茶汤颜色、亮暗程度、清浊状况等进行评定，茶汤一般应以清澈、明亮为好。如名优绿茶汤色以嫩绿、嫩黄、绿为好，黄、黄绿稍差；明亮度以清澈明亮为好，部分细嫩茶叶含毫多，冲泡后茶汤表面浮有一层茸毫，俗称“毫浑”，也是好茶的标准之一。大宗茶应要求茶汤颜色正常，色泽以明亮度高者好，浑浊、暗淡者差。

③看叶底。主要对冲泡后茶叶叶底的嫩度、色泽、完整度和均匀性等方面进行评定，一般以色匀亮、形完整、质地柔软为佳。如好的名优绿茶一般以单芽至一芽二叶的芽叶为原料，嫩度较高，叶底匀齐，叶色鲜亮。大宗茶原料往往是一芽二三叶以上的芽叶，幼嫩芽叶含量、质地的柔软度、色泽的明亮度不如名优茶，但不允许出现焦叶、劣变叶、掺杂叶，若叶底表现为暗、粗老、单薄、摊张、花杂等则品质较差。

(2) 选购技巧二：用手摸

是通过人手表面接触茶叶产生的感觉来分辨、判断茶叶质量的一种方法，主要感觉和判断茶叶的光洁度、软硬、冷热、干湿度等。如通过触摸干茶，可以初步判断干茶的含水率是否达标。除晒青绿茶外，成品红绿茶干茶含水量要求低于7%，此时茶叶触手稍刺，用手捻碎茶条，呈粉末状或碎末状；如触手弹性明显，不易捻碎，则干茶含水量过高，存放过程中易变质。另外，摸叶底主要是感觉叶底的软硬度，嫩度好的名优茶摸起来厚软有弹性，低档茶触手薄硬。

(3) 选购技巧三：用鼻闻

茶叶的香气分为干茶的干香和冲泡后的湿香，一般所说的茶香指的是冲泡后的香气。在选购时主要对冲泡后茶叶所散发香气的纯异、香型、高低和持久状况等进行评定。一般分为三步闻香，分别是热嗅、温嗅和冷嗅，即在不同温度和时间段分别感受每泡茶叶的香气特征及其变化，其中热嗅辨纯异，温嗅辨香型，冷嗅辨持久性。日常选购时通过对干茶注入少量沸水激发茶香后进行嗅闻，可达到更好的效果。名优茶必须有独特的香型，如绿茶的嫩香、花香、栗香；乌龙茶的花香、果香；白茶的毫香（茶叶茸毫产生的香气）、黑茶的陈香（黑茶经年干仓存放后产生的香气）等，以香型高雅纯正悦鼻，余香经久不散为好。大宗茶对于茶叶是否具有独特的香气没有要求，以香型纯正，持久为好，以淡薄、低沉、粗老为差，如夹杂焦、霉、馊等异味则为次品或劣变茶。

（4）选购技巧四：用嘴尝

选购茶叶不同于日常冲泡或者茶艺演示，需使用沸水，适当加大投茶量并确保一定的浸泡时间，一般以1：50的茶水比为宜（乌龙茶可提高至1：20），浸泡时间不低于3分钟再行品尝，使得茶叶中的内含物质得以充分浸出。品尝时主要关注茶汤滋味浓度、甘度、鲜度、苦涩度4个方面。浓度是指茶汤入口的刺激性，甘度和鲜度是指饮茶时口腔中感受到的甜味和鲜味，苦涩度包括苦味和涩味。好的名优茶口感一般要求甘鲜度高，涩味低或无涩味，顶级茶不应出现涩味，其次茶叶的甘度、鲜度、滑度（与粗糙感相对）、厚度（与淡薄感相对）等方面必须有独特之处，浓度不是好茶的判断标准，但亦不可过于淡薄。此外香气和滋味必须协调，口感清淡的茶汤如果香气过于浓郁，可能会让人觉得不太舒服。选购名优茶可以通过啜吸法充分感受茶叶的品质特征，让茶汤在口腔表面反复滚动，其目的是让舌面的不同部位都能充分感受茶汤，同时茶汤中的香气也能更好地通过鼻腔被嗅闻到。通常好茶具有饮后齿颊留香的效果，香气残留在鼻腔、口腔及整个呼吸道，让人回味绵长。但无论如何，如果是自己选购茶叶，应以

喝茶后感觉舒服为最终指标。

3．典型名优茶的选购要点

（1）西湖龙井（绿茶）

目前西湖龙井根据产地可分为一级产区（西湖风景名胜区核心区域），二级产区（龙坞、大清谷等其他产地）。一级产区又根据产茶行政自然村不同分为狮、龙、云、虎、梅5个字号。目前生产西湖龙井的茶树品种主要是西湖群体种和中国农业科学院茶叶研究所选育的龙井43号，在市场上各占半壁江山。西湖群体种茶树鲜叶所制成茶滋味醇厚甘鲜，龙井43号茶树鲜叶所制成茶滋味甘醇鲜爽，品质各具特色。

①外形。以扁平、光滑、挺直、尖削，形似宝剑，四项兼具者佳；色泽嫩绿油润者好，青、黄、暗者差。

②汤色。以清澈明亮，色呈嫩绿、杏绿为好，青绿浅黄绿色次之，深黄、暗浊、泛红的品质欠佳。

③香气。以高爽、嫩鲜、馥郁者香为上品，带青气、火工过高、哈喇味（油哈味）重者为差。

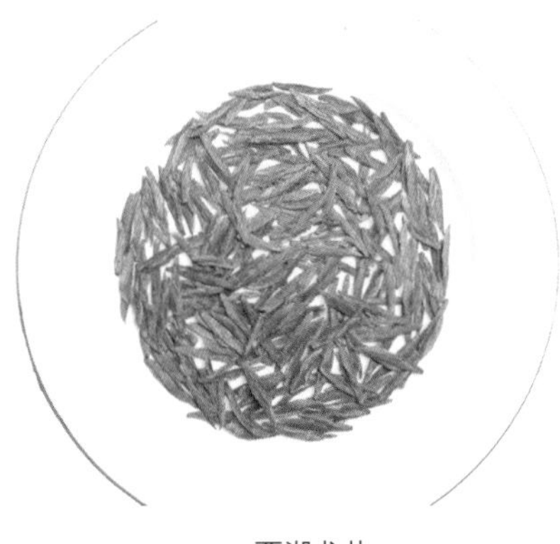

西湖龙井

④滋味。以甘醇、鲜爽、细腻为好，醇爽者次之，以浓、涩、熟闷味者差。

⑤叶底。以嫩厚、成朵、匀齐者好，多青张、单片叶者差，颜色嫩绿色为宜，青绿、黄绿次之，红梗红叶为次品。

现在市场上主要以西湖龙井的外形色泽来分类，分为以狮峰龙井的糙米色为代表和以梅家坞龙井的翠绿色为代表的两种产品。

（2）碧螺春（绿茶）

碧螺春主要以当地群体种茶树鲜叶为原料，近年来也采用迎霜等高香品种茶树鲜叶为原料。

碧螺春

①外形。以卷曲成螺、茸毫满披者为佳。色泽以银绿隐翠，鲜活者好，黄暗、无毫者差。

②汤色。呈嫩绿为好，茸毫含量高时，汤色常毫浑，属正常情况，黄绿者稍差，黄、暗、泛红的品质欠佳。

③香气。以清高、嫩鲜香为上品，带青气、火工过高、有烟焦味者为差。

④滋味。以甘醇、鲜爽为好，以浓、涩、熟闷味者差。

⑤叶底。以幼嫩、多芽、匀齐者好、有单片叶者差，颜色嫩绿色为宜，青绿、黄绿次之，红梗红叶为次品。

（3）安吉白茶（绿茶）

安吉白茶由白叶1号品种茶树鲜叶加工而成。

安吉白茶

①外形。形似凤尾，色泽嫩绿带鹅黄鲜亮者佳。

②汤色。呈浅嫩绿、嫩绿为好。

③香气。以清鲜、嫩鲜香为上品，带青气、

火工过高者为差。

④滋味。以甘鲜、醇和为好，以青、熟闷味者为差。

⑤叶底。嫩匀成朵者好，颜色叶白脉绿者为宜。

(4) 铁观音（乌龙茶）

铁观音由铁观音品种茶树鲜叶加工而成。

①外形。以条索紧结、重实、匀净者佳，多呈螺旋形，粗松、轻飘者差；色泽砂绿翠润，青腹绿蒂，俗称“香蕉色”者为好，色黄暗、枯燥者差。

铁观音

②汤色。以蜜绿、蜜黄、清澈明亮者佳，黄绿、黄暗者差。

③香气。以清高、馥郁，具兰花香者佳，青臭、粗老、刺鼻者差。

④滋味。以甘鲜者佳，粗涩者差。

⑤叶底。以厚软、开展、绿亮者佳，粗老、薄硬、黄暗者差。耐冲泡者佳，好茶冲泡7次仍有余香。

(5) 大红袍（乌龙茶）

大红袍

大红袍分为纯种大红袍和商品大红袍，纯种大红袍以大红袍品种茶树鲜叶加工而成，商品大红袍为拼配而成。

①外形。以条索扭曲、紧结、壮实，色泽青褐油润为佳，粗松、轻飘者为差。

②汤色。以深橙黄、橙红清澈明亮者为佳，深暗者为差。

③香气。以馥郁，带桂花香，杯底余香持久为佳，带青气、烟焦气者为差。

④滋味。以醇厚、鲜滑回甘者佳，浓涩者差。

⑤叶底。以软亮、匀齐者佳，薄硬者为差。耐冲泡者佳，好茶冲泡7次仍有余香。

（6）祁门红茶（红茶）

由祁门槠叶种加工而成。

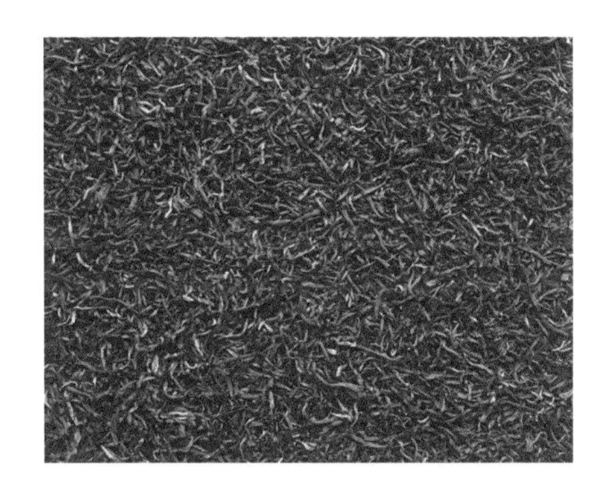

祁门红茶

①外形。以细紧，身骨重实，锋苗（或金毫）显露，色泽乌润调匀，完整平伏，不脱档，净度好为佳。

②汤色。以红艳明亮者为佳，汤色红亮或红明次之，过浅或过暗及深暗混浊的汤色最差。

③香气。以高甜、鲜爽，带果香、蜜香者佳，香低短，带粗老气者差。

④滋味。以醇厚甜润、鲜爽为好，淡薄粗涩为差。

⑤叶底。以色泽红艳、红亮为好，红暗、红褐、乌暗、花杂为差。

（7）金骏眉（红茶）

金骏眉由福建武夷山桐木关当地菜茶品种茶树鲜叶加工而成。

金骏眉

①外形。以细嫩，有金毫，色泽乌润调匀为佳。

②汤色。呈糖浆状的深金黄色者佳，色暗黄、红深者次。

③香气。鲜甜带花香者佳，具青气、薯香重者差。

④滋味。以甘和、鲜爽者为好，浓醇带涩者差。

⑤叶底。色泽红艳者好，红暗、红褐、乌暗、花杂者为差。

(8) 普洱熟散茶（黑茶）

普洱熟散茶由云南大叶种茶树鲜叶制成的晒青毛茶经后发酵工艺制成。

①外形。以芽毫肥壮，条索紧结、匀整，色泽褐红、光润、均匀一致为好，颜色枯暗、发黑或花杂，条索粗松、梗片多、下脚碎末含量过多的为次。

②汤色。以红浓明亮，深红色为正常。黄、橙黄或深暗的汤色均不符合要求。如汤色浑浊不清，属品质劣变。

普洱熟散茶

③香气。要求有陈香味，其他各种香型都不符合要求。

④滋味。要求醇和、爽滑和回甜好。

⑤叶底。色泽匀度好、叶张展开，不腐软，无焦条、碳化者好，反之则差。

(9) 普洱紧压生茶（黑茶）

普洱紧压生茶由云南大叶种茶树鲜叶制成的晒青毛茶压制而成。

①外形。要求松紧适度，形状端正匀称、不起层脱面、洒面均匀、包心不外露，色泽以青褐、黄褐、褐色为正常。

②汤色。生茶汤色多为黄、黄绿色，随着存放时间的增加，生茶汤色亦逐渐转红，呈现出黄–橙黄–橙红–红的变化趋势，汤色浑浊、暗淡者为差。

③香气。生茶香气高爽者佳，有轻微烟味属正常现象，过重的烟焦味为次品茶，霉、烂、馊等均属于不正常情况。

④滋味。新茶滋味浓厚爽口，具有一定的刺激性者佳，长期存放可使口感逐渐转醇。

⑤叶底。柔软、肥嫩、有弹性，颜色褐绿、褐黄明亮为佳。

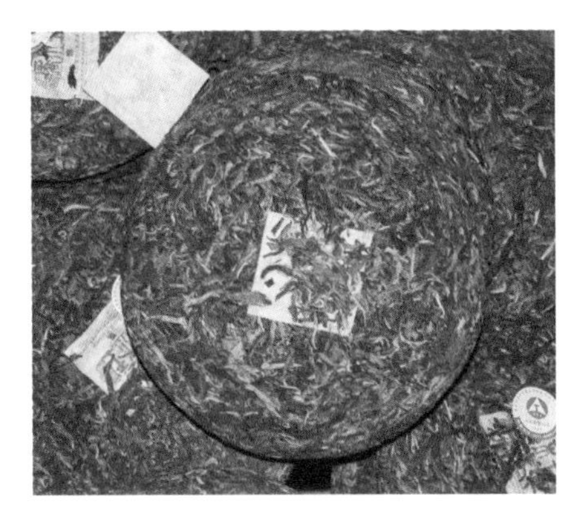

普洱紧压生茶

(10) 蒙顶黄芽（黄茶）

蒙顶黄芽由蒙顶当地种茶树鲜叶加工而成。

①外形。以芽形完整、嫩匀为好，色泽嫩黄油润为佳，芽形细瘦、干瘪、不饱满者差，色泽黄暗、暗褐者差。

②汤色。以汤色浅黄或嫩黄明亮为好，绿色、褐色、橙色和红色均不是正常色，茶汤带褐色多系陈化质变之茶。

③香气。香气应高爽带嫩香、火工饱满，烟焦、青气均不正常。

④滋味。以浓醇、醇爽、甘爽为好，选购注意把握黄茶滋味的醇，以及回甘度。

⑤叶底。要求芽形匀整，色泽嫩黄明亮。

蒙顶黄芽

(11) 白毫银针（白茶）

白毫银针主要由福鼎大白茶、福鼎大毫茶品种茶树鲜叶加工而成。

①外形。以芽针肥壮，满披白毫，色泽银亮为佳，芽形细瘦、枯瘪毫少者差。

②汤色。以杏黄、杏绿、浅黄，清澈明亮为佳，深黄或橙黄次之，泛红、红暗者差。

③香气。以清鲜，毫味鲜甜者为佳，淡薄、青臭、失鲜、发酵者差。

④滋味。以鲜爽微甜者为佳，淡薄带涩者差。

⑤叶底。以厚软、匀齐者为佳，薄瘦泛红者差。

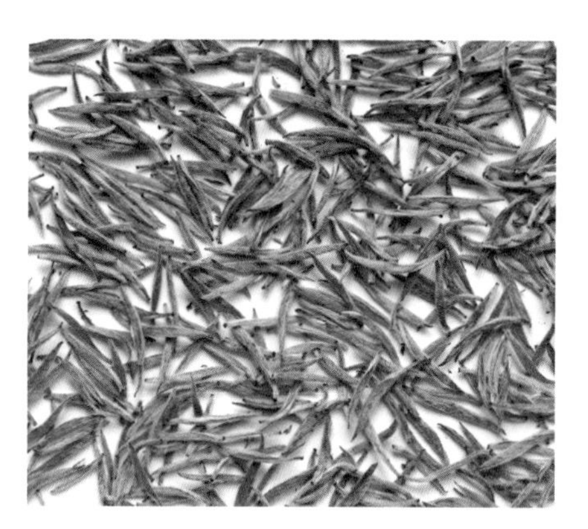

白毫银针

4．新陈茶、调香茶及真假茶辨别

除了上述的选购原则、技巧外，在茶叶选购时还需要注意新陈茶、调香茶和真假茶的辨别。

（1）新陈茶的辨别

新茶是指当年产的茶叶，陈茶是指隔年至存放多年的茶。由于不同茶叶的保存期限和条件的不同，品质风味差别较大。在一定的存放年限内，普洱茶越陈越香，存放时间可较长；红茶、发酵较重的乌龙茶可以保存3～5年；不发酵和轻发酵的绿茶、铁观音等易产生陈味，需要冷冻存放，这样1年之内都不会出现明显的陈味；如置于常温中，炎热的夏季，一周可能就会产生陈味。购买时要根据包装上的生产日期，结合感官的实际感受，进行综合判断，因为有时候生产日期标示的是包装时间，与实际的加工时间有一定的时间差。

就绿茶和轻发酵的乌龙茶来说，陈茶的品质远逊于新茶，因为茶叶陈化过程中产生了令人不愉快的气味，民间又称为失风（浙江地区说法）、走气（福建地区说法）。辨别时，第一要看干茶的颜色和光泽度，新茶色泽嫩绿、翠绿、油润度好，陈茶则偏黄发暗。第二要看冲泡的汤色，新茶汤色嫩绿、杏绿，陈茶汤色发黄。第三要闻香气、尝滋味，新茶清鲜度高，陈茶陈闷、油腻，令人不爽。

对于普洱茶等需要存放转化的茶类，存放后的茶散发出普洱茶特有的香气，被称为陈香，与绿茶的陈味有很大的区别。普洱茶根据保存环境湿度不同，可分为干仓茶和湿仓茶（环境湿度大于80%），干仓茶和湿仓品质各有特色。

（2）调香茶的辨别

传统的调香茶将茶与水果、花瓣、精油等各种香料混合。茶叶本身带有香料赋予的香味，所以这种茶也称为香薰茶，历来受到西方人的喜爱。现代社会除了传统的水果、花瓣、精油调香，往往也加入合成香精进行调香，目前，所有的调香茶均被归入调香茶类，在产品包装上标示含茶制品。立顿、川宁等国际品牌有品种丰富的调香茶。

另外，市场上也有不法商贩在低档茶叶中加入香精冒充高档茶，这些茶外形粗杂、欠匀、色暗，香气刺鼻，叶底薄硬，初次冲泡后，再泡无香，在购买时要注意甄别。

（3）真假茶的辨别

清末民初，不少商行唯利是图，茶叶掺假作伪之风盛行，多有以桑叶等冒充茶叶的行为，严重影响中国茶产业声誉。各进口国纷纷制定禁止掺

杂假劣茶叶进口的标准、法令和规定。针对这一现象，茶界前辈制定了茶叶感官审评的相应标准，对真假茶进行判定。目前，以其他植物冒充茶叶这一情况已经不复存在。

如何辨别茶叶和其他植物饮用品，消费者主要从感官上进行判断，专业机构可通过测定咖啡碱、茶氨酸等茶叶特有化学成分进行鉴别，也可通过叶底形态进行植物学鉴定。一般原料细嫩的茶叶叶底为长圆形，叶张的肥厚度要好于竹叶等其他植物的叶子，原料成熟的茶叶叶底网状叶脉较明显，都可作为区分茶和其他植物叶片的关键点。

（四）茶叶贮藏保鲜方法

日常喝茶除了有利于身心健康外，茶叶特有的色、香、味、形是我们追求的主要目的。但我们经常喝茶的人会注意到，茶叶品质在贮藏过程中会发生较大的变化，通常会发生风味品质新鲜感的下降和氧化现象，甚至出现一些不舒服的味道。这对于要求新鲜感的茶叶产品而言是需要严格控制的，而对于需要陈化的茶叶产品又是需要正确利用的。那么，茶叶贮藏过程中为什么容易变化，哪些环境条件影响最大，如何在日常生活中保管和贮藏我们的茶叶呢？

1．茶叶贮藏品质易变的“三大”原因

茶叶从茶厂加工出来后，并非马上被我们喝掉了，而常常会在包

装、贮藏、运输以及消费时，有一个较长时间的流通过程。在这个过程中，茶叶特别是绿茶的色、香、味品质极易受外界环境条件的影响而发生变化，甚至变质，这与以下茶叶贮藏品质易变的“三大”原因是分不开的。

原因一：强吸附性能的疏松多孔结构促进茶叶品质变化。大多数茶叶为疏松多孔物质，内部有很多细微小孔，具有毛细管作用，容易吸收空气中的水汽和气体。因此，茶叶在高湿度环境条件下极易吸湿，导致茶叶自身水分含量的大幅提高，从而促进茶叶风味品质的转变。

原因二：富含极易氧化的茶多酚类物质。多数茶叶中富含一种叫“茶多酚”的物质，是茶叶中最重要的品质成分，具有较强的苦涩味，对茶汤色泽、滋味等品质都有较大的影响，同时也是一种天然抗氧化剂，自身很容易被氧化为邻醌和茶黄素、茶红素、茶褐素等其他各种有色聚合物，不仅影响茶叶、茶汤的色泽和滋味，也会促进其他物质的转变。有研究表明，贮藏1年后，绿茶中的茶多酚含量可以减少10.92%，而通常情况下茶多酚含量下降5%时，绿茶品质就会表现出滋味变淡、汤色变黄、香气降低等问题，当茶多酚含量下降到25%时，绿茶内含物有效成分大幅度下降，比例严重失调，茶叶基本失去原有的品质特点。

原因三：主要色、香、味物质容易氧化降解。除前面讲的茶多酚类物质外，茶叶中的氨基酸、叶绿素、脂类物质、胡萝卜素，以及维生素等与茶叶色、香、味品质密切相关的物质在茶叶贮藏过程中也容易发生较大的变化。

①氨基酸减少。氨基酸是茶汤中的主要鲜爽滋味物质，其含量及组成是品质好坏的重要指标。研究表明，贮藏过程中绿茶游离氨基酸组成及比例发生了较大变化。绿茶贮藏1年后，约占总量50%的茶氨酸大量降解，对滋味品质贡献较大的谷氨酸、天冬氨酸和精氨酸等被大量氧化，其中茶氨

酸、天冬氨酸和苏氨酸等在贮藏前2个月内变化较大。

②叶绿素分解转化。叶绿素是影响茶叶特别是绿茶色泽的主要色素类物质。叶绿素稳定性较差，极易受光和热的作用，特别是在紫外线照射下产生置换和分解反应，生成脱镁叶绿素，导致茶叶的褐变。有研究发现，绿茶贮藏1年后，叶绿素总量减少幅度为12.8%。

③维生素C的大量减少。维生素C在新鲜、高档绿茶中含量较高，是最敏感的品质因子和品质化学指标。维生素C易发生自动氧化，较其他品质成分变化更大，对绿茶起到天然的保护作用。研究认为，绿茶中维生素C保留量在80%以上，绿茶品质变化不明显，而当含量减少60%以上时，绿茶品质将明显下降。

④脂类物质和胡萝卜素的氧化降解。脂类物质是构成茶叶香气的重要化学成分，贮藏过程中脂类物质会发生明显的氧化反应，导致风味品质的不断下降，甚至产生陈味。如在贮藏过程中，绿茶中的亚麻酸和亚油酸等不饱和脂肪酸会氧化生成具有陈味的低分子醛、酮、醇类等香气成分。另外，胡萝卜素是茶叶中的一类黄色色素类物质，较易被氧化成一些特殊的酮、醛、酯类物质，这些成分含量较高时，茶叶就产生陈味和异味。

2. 茶叶贮藏保鲜有“五怕”

茶叶贮藏过程中不仅会因温度、相对湿度、氧气、光线等贮藏环境的综合影响而促进主要化学成分的氧化、降解等反应，从而导致茶叶品质变化，也会受到周边环境中各种异味的影响。因此，茶叶贮藏保鲜有“五怕”，即怕高温、怕高湿、怕富氧、怕强光、怕异味。

（1）怕高湿

水分是茶叶内各种化学反应必须的介质，贮藏过程中茶叶水分含量越高，各种化学反应速度就越快，茶叶品质变化就越显著。通常，较佳的茶叶贮藏含水量为4%～6%。常温贮藏条件下，含水量>6.5%的绿茶存放6个月后就会产生陈气，当含水量>8.8%时，茶叶就很可能发霉变质。而茶叶含水量的控制除与茶叶加工有关外，与贮藏过程中的环境湿度直接相关。有研究发现，环境相对湿度>85%时，茶叶的含水量一天就可以增加到10%以上。

（2）怕高温

温度高低会直接影响贮藏过程中茶叶内各种化学成分的变化速度，从而改变贮藏茶叶的品质变化程度。一般贮藏温度越高，茶叶品质变化速度越快，温度每升高10℃，干茶色泽和汤色褐变速度加快3～5倍，因此，茶叶贮藏的温度越低越好。低于−18℃条件下的冷冻贮藏可以长时间（>1年）保鲜绿茶，而高于25℃下贮藏，茶叶的色、香、味品质变化较快。

（3）怕富氧

贮藏过程中，引起茶叶品质变化的各种化学反应大都需要氧气的参与，如绿茶贮藏过程中的品质变化与茶多酚类物质、维生素C、叶绿素、游离脂肪酸等内含物质的氧化反应直接有关。因此，低氧（<1%）或无氧环境条件可明显缓解茶叶中各种化学成分的变化，抑制茶叶品质的变化程度，有利于茶叶品质的保持。据日本研究结果，绿茶贮藏4个月后，脱氧处理的感官品质得分比不脱氧处理高28%，维生素的残存率增加22.8%。国内也有研究发现，经除氧剂处理后，绿茶中茶多酚含量较对照增加9.7%，维生素C含量增加198%，叶绿素含量增加9.4%。

（4）怕强光

光线能促进茶叶中色素和脂类物质的氧化反应，导致茶叶色泽退色、黄化和香气变差。如绿茶中的叶绿素易受光线的照射而降解，导致外观退色，同时光照还能引起绿茶中一些芳香物质发生反应，产生“日晒味”等一些不愉快的气味。经过25℃、1 700勒克斯照度的荧光灯照射30天，绿茶颜色变褐，失去绿色，香气和滋味明显下降，维生素C全部消失，氧化产物大大增加。照度提高到2 500勒克斯后，绿茶中的脂肪酸氧化生成了具有强烈“日晒味”的醛类物质。还有研究表明，绿茶贮藏期间，经光照处理的样品中具有陈味的戊醇、辛烯醇及3种未知成分含量明显增加。

（5）怕异味

茶叶具有强吸附性能的疏松多孔结构，极易吸收空气中的异味气体。当茶叶与异味物质放在一起贮藏时，极易导致茶叶风味的变化，降低茶叶的使用价值。

3．茶叶贮藏“四大”保鲜技术

贮藏过程中茶叶品质变化主要受温度、氧气、相对湿度和光线等环境因素的综合影响。针对这些影响因素，目前茶叶贮藏主要有低温保鲜、气调保鲜、干燥保鲜、避光包装保鲜等保鲜技术。

（1）低温冷藏保鲜技术

该技术主要通过降低贮藏环境温度以降低茶叶品质成分的变化速度，从而起到保鲜的效果。低温冷藏可使茶叶长期处于低温、避光、除湿的环境条件下，可大大延长茶叶的保质期，是目前效果最好、使用最为方便的一种技术。目前主要包括冰箱、冰柜、专用低温保鲜柜和保鲜库等多种方式。鉴于使用成本问题，冷藏温度一般应根据茶类品种及保鲜时间而定，对于3～6个月的中短期贮藏，温度应低于10℃，控制在0～4℃为佳；6个月以上的中长期贮藏，温度应控制在－18℃以下。

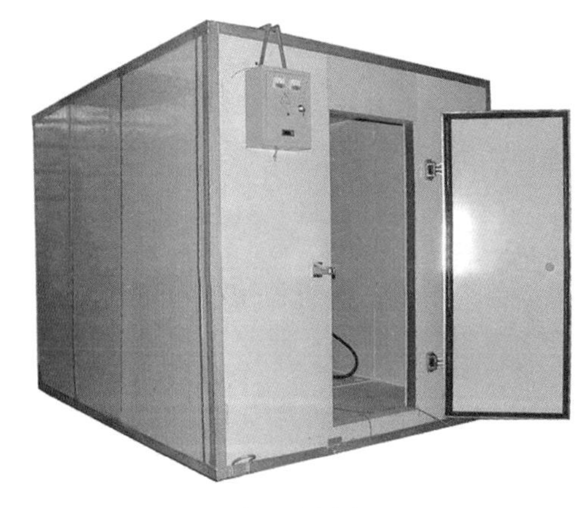

低温保鲜库

（2）气调贮藏保鲜技术

该技术主要通过去除或置换掉茶叶贮藏环境中的氧气，以抑制和延缓茶叶内含物的氧化，从而达到茶叶保鲜的目的。目前主要包括抽气或抽气充氮和添加除氧剂两大类方法。抽气或抽气充氮保鲜技术主要是采用专用设备将茶叶包装容器内的空气全部抽出，使氧气浓度降至1%以下，接近真空状态，或者再充入氮气或二氧化碳等惰性气体，以阻止茶叶的氧化作用。除氧保鲜技术主要是利用化学除氧原理，在密闭的茶叶包装内加入预包装除氧剂，降低茶叶包装内的氧含量，使茶叶处于低氧环境，从而抑制和延缓茶叶内含物的氧化，具有效果显著、安全可靠、无异味、体积小、重量轻、成本低、使用方便等诸多优点。一般应根据茶叶包装容量大小选取一定型号的除氧剂，经1～2天，茶叶包装内的氧浓度即可从21%降到0.1%左

除氧剂

右。气调贮藏保鲜技术适合流通过程的茶叶小包装保鲜，但对包装材料要求高，需要配套精密设备和强度高、气密性和阻隔性能优异的包装材料。

(3) 干燥贮藏保鲜技术

该技术主要采用干燥剂去除茶叶贮藏环境中的水分，从而达到保鲜茶叶的目的。目前，主要的干燥剂有硅胶和烧透了的生石灰等，通常将包好的茶叶依次排列放入容器中，中间放置生石灰或硅胶等干燥剂，然后将容器密闭。因生石灰吸水后易风化松散，在贮藏过程中要及时更换，一般贮后1～2个月换1次，到后期3～4个月换1次。硅胶可反复使用，但成本较高。

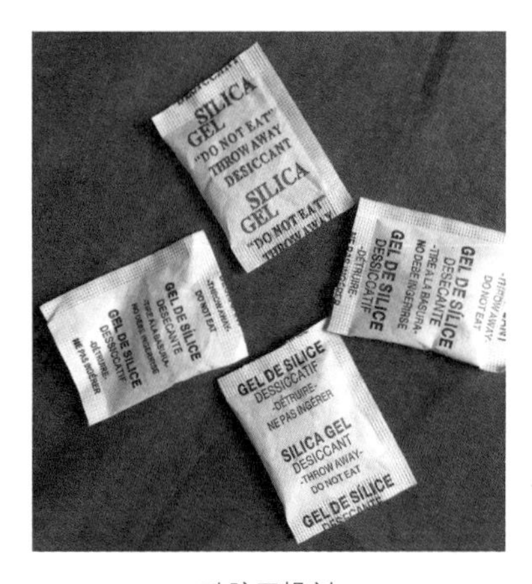

硅胶干燥剂

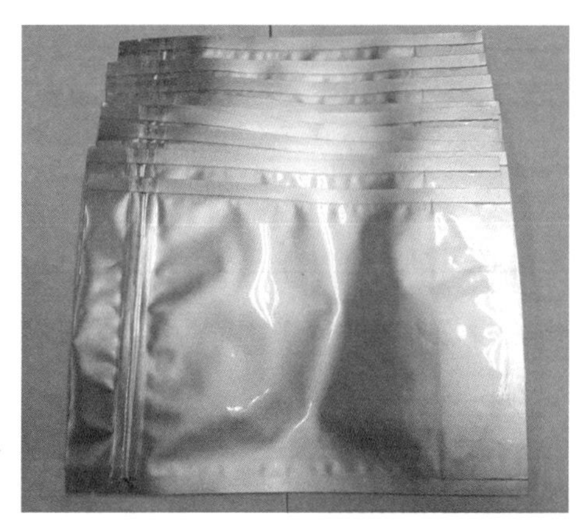

铝箔包装

(4) 避光包装保鲜技术

主要采用可以避光的各种软质、硬质包装材料，达到避光包装保鲜的目的。主要可采用具有较好避光效果的铝箔等软包装材料和纸罐、陶瓷罐和金属罐等硬包装。为提高避光效果，可以采用内层避光软包装、中层硬包装和外层美观包装相结合的组合包装方式。

4. 典型茶叶贮藏保鲜方法

(1) 茶叶贮藏的基本要求

不论采用何种保鲜贮藏方法，一般应遵循以下几个基本要求：茶叶含水率要低，一般绿茶、乌龙茶、黄茶等讲究保鲜的茶叶应控制在6%以下。避免存放在高温、高湿、有异味的地方，保持周围环境的清洁卫生。宜采用阻隔性、遮光性、牢固性和经济性好的包装材料进行包装，材料须卫生、无毒、无异味，未受杀菌剂、杀虫剂、防腐剂、熏蒸剂等污染，不使用含有荧光染料和印刷油墨味重的包装。

(2) 不同茶叶的贮藏保鲜要求

中国茶叶按加工工艺可分为绿茶、红茶、乌龙茶、黄茶、白茶和黑茶六大类。由于茶叶风味品质的需求迥异，对贮藏保鲜的要求也差别较大，一般绿茶、轻发酵乌龙茶的品质要求新鲜，品质也最容易变化，因此，对贮藏保鲜的要求最高，一般可考虑低温冷冻贮藏（－18℃）或脱氧、干燥、冷藏（0～4℃）相结合的贮藏方法。重发酵乌龙茶、黄茶、红茶对贮藏保鲜也有一定要求，一般可考虑低温冷藏（0～4℃）或脱氧、干燥相结合的方式。黑茶、白茶产品的要求相对较低，一般不要求保鲜，但对贮藏环境也有一定的要求，一般应贮藏在阴凉（温度＜25℃）、干燥（相对湿度＜60%）的环境中即可。

(3) 三个关键环节的茶叶贮藏方法

茶叶从生产到消费过程中主要有批量茶叶的贮藏、零售茶叶的贮藏和家庭茶叶的贮藏三个与茶叶贮藏保鲜相关的关键环节。

①批量茶叶的贮藏方法。批量茶叶一般多采用干燥、阴凉、无异味的

库房贮藏和专用冷藏库冷藏。库房贮藏方法简单易行，使用成本较低，适合贮藏中低档大宗茶叶或黑茶、白茶等茶类使用。库房应选址在地势较高、通风处，一般还应配备除湿机，或采用生石灰等去湿材料，去湿材料务必注意避免与茶叶直接接触，并定期更换去湿材料。贮藏量大的一般在底层铺块状生石灰，上层放置大包装的茶叶，专用冷藏库贮藏方法贮藏的茶叶保鲜效果较好，但设备投入大，使用费用较高，适合于经济条件较好的企业和高档名优茶的贮藏保鲜。用于茶叶贮藏的冷藏库主要有组合式冷库和固定土建式冷库。可根据库房大小和贮藏茶叶的多少确定冷库的制冷量，一般应配有自动温度控制系统，使制冷系统、冷却系统同步工作，具有自动调温、除湿的功能。

贮藏茶叶的库房或冷库应远离垃圾堆、粪便池等污染源，做好防鼠、防虫和防霉工作，禁止在库内吸烟或随地吐痰，严禁使用化学合成杀虫剂、防鼠剂和防霉剂。同时，应健全仓库记录档案，不同批号、日期的产品应分别存放，产品的标志应醒目、持久。

冷藏库

②零售茶叶的贮藏方法。茶叶零售大多是上架开放式销售，由于茶叶有品质易变的特点，因此零售茶多以小包装茶叶或小批量散装茶为主。零售小包装茶首先应采用阻隔性能好的包装材料包装，如聚酯、铝箔、聚丙烯等复合材料包装袋，要求高的还可以采用干燥剂干燥去湿、除氧或抽气充氮等气调技术进行保鲜处理。小批量散装茶一般可采用阻隔性能好的包装材料进行大包装暂时存放，也可以采用装有石灰、硅胶的干燥容器进行暂时贮藏，有条件的地方也可采用小型冷藏柜，对零售茶叶进行冷藏，以保持茶叶的自然品质。

小型冷藏柜

③家庭茶叶的贮藏方法。目前，家庭茶叶贮藏主要采用石灰缸干燥法和冰箱低温冷冻、冷藏两种方法，且应采用小规格包装茶叶分批贮藏和消费的方式，尽量减少平时茶叶饮用过程中因环境条件的影响而发生的品质变化。随着家用冰箱的普及，冰箱低温冷藏目前已成为家庭贮藏茶叶的较好方法，既简便，贮藏效果又好。也可用铝箔等材料的包装，以防止串味。

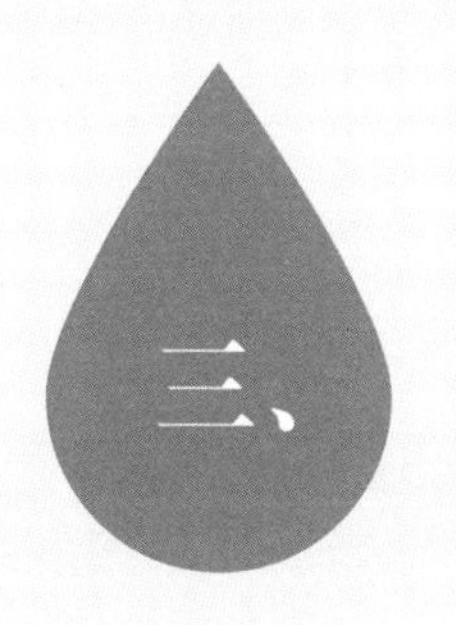

开讲了：吃个明白

（一）茶以人分

吃茶最重要的是要因人而异。每个人的身体状况是不同的，每种茶也有各自的性味。找到适合自己的茶，才能使茶的保健作用发挥到最大；选择了不适合自己的茶，不仅不能起到养生作用，还可能出现身体不适的现象。

1．依人的体质

体质是人体在生命过程中，在先天禀赋和后天获得的基础上所形成的形态结构、生理功能和心理状态方面综合的、相对稳定的固有特质。根据《中医体质分类与判定》，人的体质可细分为平和质、气虚质、阳虚质、阴虚质、痰湿质、湿热质、血淤质、气郁质、特禀质9个类型。但实际上，大多数人的体质是复合体质，单一体质的人群比例非常少。没有中医专业知识和临床实战经验的普通大众很难准确、全面判断自己的体质。对于普通大众来说，可以根据身体表现来粗略推断当下的自身特性。中医认为，人的体质一般可以大致分为燥热体质和虚寒体质。根据“虚则辅之，实则泻之，热则寒之，寒则热之”的原则，燥热体质的人应多摄入温性和凉性食物，少碰燥热食物；虚寒体质的人宜食性温味甘辛的食物，忌食性质寒凉的食物。

茶叶经过不同的制作工艺处理后性质和味道发生了一定的变化。目前，有关不同茶类性味差异仍在研究中，但结合日常生活经验，一般认为茶的性味随着发酵程度的加深，寒性不断减弱。绿茶、普洱生茶未经过发酵环节，性味最寒；白茶历经长时间的萎凋，内含物质微发酵，寒性物质略有减少；黄茶和青茶中的铁观音分别经过闷黄及做青处理，部分儿茶素转化为茶黄素等物质，寒性程度进一步降低；青茶中的岩茶做青时间较铁观音更长，发酵程度更高，寒性更弱；红茶和普洱茶（熟茶）分别历经发酵和渥堆过程，茶叶中的大多数儿茶素都转化为了茶黄素、茶红素、茶褐素等氧化型多酚类化合物，寒性最小。

人的体质会因季节、心理状态、生活习惯等因素而发生变化，应根据当时的身心状态来挑选适合自己的茶叶。

（1）燥热体质

一般而言，人处于燥热体质时会出现以下特征：经常口干舌燥、口苦伴口臭；经常出现口腔溃疡；皮肤常呈潮红色、身体常莫名发热、怕热易出汗；尿液少且赤黄；便秘、大便干结；脾气较暴躁。这些体质特征的人喝茶，应根据燥热症状及严重程度，选择适合的凉性甚至寒性茶。

①口臭、口干、口腔溃疡等症状，可以试饮绿茶。口源性口臭主要由未治疗的龋齿、牙龈炎、牙周炎、口腔黏膜病等引起。而绿茶可对多种龋齿致病菌和牙周炎可疑致病菌，如变形链球菌、牙龈卟啉单胞菌、中间普氏菌、具核梭杆菌，有良好的抑制作用，效果优于其他茶类。绿茶富含表型儿茶素和维生素C。茶叶中的四种主要表型儿茶素，均有很强的除口臭活性，效果优于已商品化的常用除口臭剂。此外，有的儿茶素还有回甘效应，可促进口腔唾液分泌，缓解口腔干涩感。维生素C对于胶原形成、组

织修复、维持免疫功能和保持血管完整性十分重要，可促进口腔溃疡的修复、加快创面愈合。

②怕热、易出汗、面色潮红等症状，宜饮用脱咖啡碱绿茶或白茶、黄茶。上述3种症状都是交感神经过度活跃的表现。咖啡碱有强烈的兴奋中枢神经作用，因此当出现上述症状时，应避免咖啡碱的摄入。咖啡碱的分子结构比较稳定，受茶叶加工工艺影响很小。一般来说，发酵茶中咖啡碱的含量要高于未发酵茶。然而有研究显示，多酚类物质氧化程度越大，茶叶中结合态咖啡碱的比例越大。与不发酵的绿茶相比，轻发酵的黄茶和白茶中结合态咖啡碱比例明显增加。在感官体验上，表现为黄茶、白茶比绿茶要柔和很多。因此，对于交感神经过度活跃的人来说，黄茶、白茶是更好的选择。当然，脱咖啡碱绿茶经过脱咖啡碱处理，茶叶中的咖啡碱含量很低，也变得十分适合该类人群饮用。

③因饮水过少导致尿少且赤黄症状，不妨试饮绿茶、黄茶、铁观音等茶叶。有时饮水过少是因为觉得水没滋味、不好喝。绿茶、黄茶、铁观音滋味甘醇，气味清香，比较符合大众口味，可促进人多喝水。

④出现便秘、大便干结等症状，不妨试饮绿茶和陈年白茶。便秘是指排便次数减少，同时伴有排便困难、粪便干结。这主要是肠动力减弱、肠内容物传输缓慢造成的。茶多酚具有刺激胃肠道反应，加速大肠蠕动的作用，可达到治疗便秘的效果。有临床试验显示，口服茶多酚对产后便秘的疗效甚佳，有效率达82.69%。绿茶和陈年白茶中的某些黄酮类物质（如槲皮素）亦具有良好的通便效果。茶多酚和槲皮素还能调节肠道菌群，抑制肠道有害菌（如肠球菌）的生长、促进肠道益生菌（如乳酸杆菌）的繁殖，恢复因便秘引起的肠道菌群失衡，帮助肠道恢复健康状态。此外，茶多酚和槲皮素能减少炎症因子分泌，纠正便秘引起的肠道炎症反应过度活跃，调节肠道免疫。值得注意的是，便秘时不能饮浓茶。

因为浓度过高的茶多酚具有收敛性，不仅不能帮助排便，反而会使便秘状况更严重。

⑤脾气暴躁的情形，宜饮用白化茶。白化茶中的茶氨酸被称为“天然镇静剂”，能明显促进大脑中枢神经系统释放出多巴胺并提高多巴胺的生理活性，使人感到放松、平静、心情舒畅。

但以上情况在试饮几天后并未好转甚至进一步恶化，那就要到医院找医生治疗了。

（2）虚寒体质

与燥热体质相对的是虚寒体质。虚寒体质指具有偏寒、多静等特点的体质。其特征是形体适中或偏胖，但较弱，容易疲劳；面色偏白而且晦暗，唇舌偏白偏淡；平时畏寒喜热，或体温偏低；食量较小，消化功能一般；脉多迟缓；性格内向，喜静少动；精力偏弱，动作迟缓，反应较慢，性欲偏弱；容易生病。有这些体质特征的人若想喝茶，应选择适合凉性或寒性弱的茶。

①容易疲劳时，宜饮用乌龙茶、普洱茶。曾有学者对55名女大学生进行了饮用乌龙茶的抗熬夜疲劳实验，发现饮用乌龙茶可以显著减轻因熬夜引起的头痛、肩酸和眼疲劳，而且也有效地提高因疲劳而降低的计算能力。在血液生化检查中，他们发现乌龙茶还可以有效地缓和血中皮质醇浓度的上升，显著降低疲劳导致的血清过氧化脂质水平。普洱茶能够促进机体内的糖异生作用，增加机体肝糖原、肌糖原储备水平，这有助于有效维持血糖浓度，减少蛋白质代谢物的产生，延缓运动疲劳的出现；可促进人体合成血红蛋白，增加人体有氧运动能力，减少持续运动后乳酸的产生和累积，减轻疲劳感；还可间接提升肾上腺素水平。已证实普洱茶中的特有成分（如茶褐素、茶多糖）有一定的抗疲劳作用。

②面色苍白、畏寒喜热、饮食不调、脉细等症状的，不妨试饮以红茶为基底的养生茶。出现此类症状，多数可能是血液亏虚导致的。红茶养生茶是在红茶的基础上加入少量补气血的红枣或桂圆干、当归、玫瑰等食药材配制而成。

红枣、桂圆干、当归、玫瑰

红茶性温，暖胃，对胃肠道具有调理作用。红茶能通过与消化酶相互作用，促进胃肠道的蠕动来调节消化吸收；能通过防止组织氧化和修复氧化损伤，并与胃黏液和谷胱甘肽等物质相互作用来保护胃肠道黏膜；可以通过抑制有害菌生长、促进有益菌生长来改善肠道菌群结构；还可通过与免疫系统调节因子、相关转录因子和一系列酶类的相互作用来预防胃肠道疾病。

红枣性温味甘，归脾胃经，有健脾养胃、补气养血、调和药性、安神等功效。红枣富含的环磷酸腺苷是人体能量代谢的必需物质，能增强肌力、消除疲劳、扩张血管、增加心肌收缩力、改善心肌营养。制作红枣红茶时，先将红枣洗干净、去核，果肉切小块，与红茶包一起放入杯中；再往杯中倒入沸水，用盖子盖上闷泡3分钟即可饮用。

桂圆干性平味甘，含有维生素B_1、维生素B_2、维生素B_3、维生素C等维生素，能益心脾，补气血，安神志，对虚劳羸弱、心悸怔忡、失眠健忘、脾虚腹泻、精神不振等病症有疗效。多喝桂圆红茶可暖脾胃、养血安神。如果觉得温性不够，还可加入适量生姜、红枣。制作桂圆茶时，先往茶壶中放入桂圆干和红茶，倒入沸水，加盖泡3分钟；此时加入红糖，搅匀即可。

当归性温味甘辛，归肝、心、脾经，是最常用的中药之一，能补血活血，调经止痛，润肠通便。多用于治疗血虚萎黄、眩晕心悸、月经不调、闭经痛经、虚寒腹痛、风湿痹痛、肠燥便秘。制作当归红茶时，需先将当归加水、大火煮开，然后加入红茶，文火煮30分钟，滤渣取汁，加适量冰糖调味。

玫瑰性温味甘、微苦，归肝、脾经，具有行气解郁、和血、止痛的作用，对于肝胃气痛、食少呕恶、月经不调、跌打伤痛等症状有缓解作用。玫瑰花茶颜色娇艳欲滴、香气诱人（混合有红茶甜香和玫瑰花香）、滋味醇厚甘畅，常喝能促进血液循环、补气血，使人面色红润、情绪平和。

③容易生病与机体免疫力下降有关，该类人群不妨试饮乌龙茶和较为粗老的大宗绿茶。茶多糖是茶叶中一类酸性糖蛋白，结合有大量矿质元素。多项研究显示，茶多糖具有免疫调节作用，可增强巨噬细胞的吞噬能力、促进淋巴细胞增殖，改善免疫力低下的状况。茶皂素属于三萜类化合物，是泡茶时产生泡沫的主要成分。茶皂素同样具有免疫调节作用，可以提高血清中免疫球蛋白、免疫相关细胞因子含量。乌龙茶、大宗绿

茶采用的原料相对较老，茶多糖、茶皂素含量较高，对于增强免疫力有一定辅助作用。

2. 依人的年龄

选择适合的茶，不仅要根据体质，还应考虑年龄。在不同年龄段，人体对茶叶中营养成分的吸收和反应是不一样的。因此要根据自身的年龄来选择适合自己的茶。

(1) 少儿人群

少儿处于成长发育期，器官的发育不够完善，承受能力比较弱，脾胃娇嫩，对食源性营养物质的反应相对敏感，不宜饮用性寒、刺激性强的茶。少儿时期是大脑发育的关键时期，茶氨酸对中枢神经系统具有一定的调节作用，所以少儿可饮富含茶氨酸的茶叶。此外，少儿对氟元素有一定的需求，因为少儿的骨骼、牙齿生长旺盛，而少量的氟有助于骨骼和牙齿的正常发育、预防龋齿。

为此，少儿提倡少喝多漱，比较适宜饮用性味温和、口感甘醇刺激性小的茶。此外，少儿还可适量饮用含有氟元素的茶或者饭后用茶漱口，有助于牙齿健康。

值得注意的是，少儿喝茶，茶汤宜淡、不宜浓，宜趁温热饮用，不宜晾得过凉。如果孩子觉得茶汤味道苦涩，不喜欢喝，可以适当加入红糖或者蜂蜜调味。如有食欲不振的现象，可以在茶汤中加入诸如红枣、桔梗、山楂之类的药材来帮助开胃、促进食物消化。建议饮茶时间应放在上午或者下午，晚上应少饮茶。

安吉白茶（左）和天台黄茶（右）

（2）青年人群

青年处于一生中抵抗力最强的时期。青年的各器官发育已基本完成，身体强壮、精力旺盛，对食源性营养的吸收能力、适应能力都很强。此时期各茶类均可饮用，没有特别禁忌。可根据体质、喜好、季节来选择适合自己的茶饮。

由于此时期是人生重要的奋斗期，许多人会出现不规律饮食、熬夜、超负荷工作，精神压力较大，机体处于疲劳状态。长此以往将对身心健康产生不良影响，使其处于亚健康甚至不健康状态。多饮茶有助于放松心情、消除疲劳、清除体内多余自由基、延缓衰老、增强体质、预防肥胖和高血脂等代谢疾病。

(3) 中年人群

人至中年，各项机能虽开始逐渐退化，但基本运行正常。因此中年人可选择的适宜茶类范围依然很广，主要根据自身体质来选择。

许多中年人会患有一些不严重的慢性疾病（如高血糖、高血压、高血脂)。这是因为这段时期身体对食源性营养的吸收能力依然很强、但是代谢能力却大不如前，导致机体糖、脂代谢失衡；免疫系统、内分泌系统的分泌、调节能力有所下降；体内毒素、自由基等有害物质的积累较青年时期大大增加。另外，此时期的人们在家庭生活中常扮演顶梁柱角色，精神压力依旧很大。

对于患有高脂血症、肥胖的中年人，可以选择饮用绿茶、黑茶、乌龙茶。三者都有抑制脂肪吸收、促进脂肪氧化的作用，不但能明显降低血液中甘油三酯、胆固醇含量，还能提高血液中抗氧化酶系活力，减轻脂质过氧化物对机体的损伤，预防动脉硬化斑块形成、保护心脑血管。

对于免疫力偏弱的中年人，可以选择在饮用绿茶、乌龙茶时加入石斛、灵芝等已被证实具有广谱免疫调节作用的药材。

黑茶

对于排泄不畅的中年人，可以选择饮用黑茶。黑茶中的茶褐素能够调节肠道菌群，促进肠道益生菌生长。黑茶中的茶多糖既可作为膳食纤维促进肠道蠕动、刺激肠道免疫细胞增殖，又能影响肠道微生物代谢、减少致癌物的产生，保护肠道。

(4) 老年人群

老年人的各项机能快速退化，对食源性营养的吸收能力变差，代谢能力进一步降低，对外界刺激的承受能力减弱。老年人松果体分泌褪黑激素的能力很低，常有失眠、睡眠质量差等问题；肠胃蠕动偏慢，易出现腹胀、便秘等不适；免疫力低下，容易患传染性疾病以及自身免疫病。

一般而言，老年人喝茶，宜泡得淡一些，不宜饮浓茶；不宜在晚上喝茶、不宜喝过多的茶。老年人可选择饮用发酵程度高的茶类，比如红茶、黑茶。这些茶类茶性较为温和，富含多酚氧化物、黄酮和多糖，既能起到延缓衰老、防止心血管疾病、调节免疫的作用，又能起到调理肠胃、排毒轻身的功效。老年人还可选择饮用富含茶氨酸的安吉白茶、天台黄茶等白叶绿茶、黄叶绿茶，帮助睡眠。另外，由于老年人常有小毛病需要服药，在服药期间是否能喝茶需咨询医师或药师。

（二）应季饮茶

中国最早的医学典籍，也是中国传统医学四大经典著作之一——《黄帝内经》中提到："人与天地相参。"即自然界的运动变化会对人体产生影响，人体通过调节来适应自然界的变化，使得两者协调一致。如四季之中，春温、夏热、秋凉、冬寒，人体气血对此作出适应性反应，使得脉象呈现出春弦、夏洪、秋毛、冬石之相。为了更好地使人体适应四季变化，古人常通过饮食来辅助调节。

茶是人们日常生活中的重要饮品，不同茶的性味因加工工艺、储藏时间不同而异。所谓“茶中蕴五行”，根据不同季节的五行旺衰规律饮用不同的茶进行调补，可帮助我们更好地适应大自然的变化，达到养生的目的。

1. 春季

春季是万物生发的季节。根据五行与经络理论，春季属木。木对应肝，肝主血、开窍于目。因此春季是护肝养肝的好时节。从现代医学角度来说，春季气温回暖、降雨增多，空气温热潮湿，为各种微生物的大量繁殖提供了良好的环境；同时春季也是许多植物开花的季节，大量花粉随风播散，空气中花粉密度较高。而微生物与花粉等细颗粒物极易对气道和皮肤造成刺激，使人出现过敏症状（如咳嗽、哮喘、皮肤红肿瘙痒）。因此在春季要预防过敏。

①青茶（乌龙茶）性甘凉，入肝经，适宜在春季饮用。乌龙茶属于半发酵茶，品质特征介于红茶、绿茶之间，既有红茶的浓鲜，又有绿茶的清香，既含有儿茶素单体，又含有茶黄素等儿茶素聚合体。此外，由于青茶的制作原料多偏粗老，其茶皂素、茶多糖含量也较高。

现代科学研究显示，乌龙茶具有多重护肝功效。乌龙茶可以改善非酒精性脂肪肝模型大鼠肝损伤状况，降低血清中谷丙转氨酶、谷草转氨酶水平。乌龙茶多糖能显著提高肝、肾超氧化物歧化酶和谷胱甘肽过氧化物酶活性，降低丙二醛含量，增强机体抗氧化能力，从而保护肝肾组织。此外，乌龙茶多糖还能减少酒精对肝脏的伤害，减少肝细胞脂肪空泡形成和炎性浸润，增加肝脏再生系数。

乌龙茶中的茶多酚和茶色素都有减少气道炎症和氧化应激的作用，可改善过敏引起的气道不适，延缓气道重塑的发生。茶多酚、茶黄素还能阻断致敏原引起的细胞炎症因子（如白介素-6、前列腺素E_2）释放，减轻红肿瘙痒症状。茶多酚中的没食子儿茶素没食子酸脂（EGCG）还可抑制致敏源引起的嗜碱性白细胞脱颗粒反应，从而发挥抗过敏作用。另外，茶皂素亦能抑制前列腺素E_2的分泌，能抗炎、消肿、镇痛。由此可见，春饮乌龙茶对预防过敏以及缓解各种过敏症状有好处。

②茉莉花茶也是春季不错的选择。冬春转换，日出时间逐渐提前、日落时间慢慢延后，人们从冬季的“早睡晚起”过渡到“晚睡早起”。在适应该过程期间，人们比较容易出现春困现象。茉莉花茶香气浓郁、鲜灵持久，在春困袭来之时泡上一杯，能够提神解乏、振奋精神。此外，茉莉花本身还有舒肝理气、排毒养颜的功效，符合补肝护肝的春季养生主旋律。

③玫瑰花茶同样适宜在春季饮用。玫瑰花色彩艳丽，气芳香浓郁，味甘微苦。根据中医理论，玫瑰花性温，归肝、脾经，善疏肝理气解郁，且有活血之功效。《本草正义》形容其“香气最浓，清而不浊，和而不猛，柔肝醒胃，流气活血，宣通窒滞而绝无辛温刚燥之弊，断推气分药之中、最为捷效，且最为驯良者，芳香诸品，殆无其匹”。《食物本草》中也提到，玫瑰花“益肝胆，辟邪恶之气，食之芳

春季适宜饮用的茶（乌龙、茉莉花茶、玫瑰红茶）

香甘美，令人神爽”。春季饮用玫瑰花茶，不仅能带给我们的视觉、嗅觉、味觉上享受，更能调理肝脏和气血，美容养颜，使人拥有春花般的好气色。

2. 夏季

夏季是阳气最盛的季节。中医认为，夏属火，主心（此处的心并非指心脏，而是指精神）。夏天天气炎热干燥，心火旺而肺金、肾水虚衰。热需以凉克，燥需以清驱，清热解燥、护心安神是夏季养生的关键。

①夏季饮茶首选绿茶。绿茶汤色、叶底以绿色为基调，可在炎炎夏日从视觉上给人带来一抹清凉的感受，是适宜在夏季饮用的茶。绿茶性寒、味略苦，入肾经，具有清热解毒、去火降燥、生津解渴、强心提神的功能。绿茶属于未发酵茶，富含咖啡碱和茶多酚。咖啡碱可兴奋中枢神经，在医学上是重要的解热镇痛剂，也是利尿合剂的成分之一。茶叶中含有2%～5%的咖啡碱。通过饮茶摄入咖啡碱，可以有效提神醒脑，驱走夏日午后的睡意。茶多酚是茶叶中最重要的活性成分之一，是天然的抗氧化剂。夏季日光猛烈，紫外线强度较其他季节明显更大。紫外线中的短波紫外线（UVC）可被臭氧层阻隔，因此到达地面的主要是长波紫外线（UVA）和中波紫外线（UVB）。UVA的穿透性强，可到达真皮深处，引起皮肤黑色素沉积，是晒后皮肤变黑、老化的重要因素；UVB穿透能力较弱，主要被皮肤表层吸收，但由于能量较高，可导致皮肤损伤、局部血管扩张，表现为水泡、红肿等症状，是引起皮肤晒伤的主要因素，严重时甚至可导致皮肤癌变。研究显示，茶多酚可以有效防御UVA、UVB引起的皮肤急性损伤，延缓长期接触紫外线导致皮肤老化，改善紫外线所致的真皮弹性纤维病变，抑制酪氨酸酶活性、减少黑色素产生、预防皮肤色素沉着。因此，在夏季饮用绿茶可以减轻烈日对皮肤带来的不良影响，有助于保护皮肤。

绿茶中的白叶茶是白化茶、黄化茶的统称，由白化、黄化茶树品种按照绿茶工艺加工而成，如安吉白茶，及天台、缙云、广元黄茶等都属于白叶茶。与普通茶树品种相比，白化、黄化茶树叶片中叶绿素、类胡萝卜素、咖啡碱合成受到抑制，氨基酸合成增加。因此，白叶茶中氨基酸（尤其是茶氨酸）含量比一般茶叶要高出许多，这赋予了白叶茶鲜爽、醇厚、清甜的滋味。茶氨酸是茶叶的特征氨基酸，与茶叶的滋味密切相关。茶氨酸本身具有甜味和鲜爽味，能与谷氨酸、精氨酸、天冬氨酸等有酸鲜味的物质协同增鲜。在生理功能方面，茶氨酸能够促进中枢神经释放多巴胺，提高脑内多巴胺活性，消除人的紧张情绪，使人感到平静、舒畅。此外，茶氨酸还能有效缓解疲劳。夏季天气炎热，人不仅身体容易中暑，情绪也容易“中暑”。此时来上一杯白叶茶，既可清热生津、恢复精力，又可平抚烦躁不安的情绪。

②传统白茶也适合在夏季饮用。传统白茶制作工艺简单，不经过炒和揉这两道工序，仅以文火慢焙。与其他茶类相比，保留了更多的寒性。《太姥山全志》中提到白茶“性寒凉，功同犀角”。在白茶产区，当地茶农习惯在夏季劳作期间饮用白茶，对防止中暑有极好的效果。在另一些地区，人们往白茶中加入了冰糖，经小火炖煮后，制成了降火去燥的甜品。由此看来，用白茶祛暑清心，历史悠久、效果甚佳。

夏季适宜饮用的茶
（绿茶、安吉白茶、白毫银针）

3. 秋季

秋季是阳气渐收、阴气生长的季节。此时，气温降低、雨量减少、空气偏干。根据五行理论，秋属金，对应肺经。秋季养生主养肺，贵在养阴防燥，在饮食上以滋阴润肺为宜。

黄茶属于轻发酵茶，其特有的“闷黄”工艺赋予了其黄汤黄叶的品质特征，同时，也使滋味转为甘醇鲜爽、香气带有“轻发酵”风味。中医认为，黄茶味甘性平，具有清热、生津、润燥的功效。在秋季饮用黄茶，不仅能消除体内余热、使人神清气爽，还能缓解秋燥引起的各种不适症状（如口干舌燥）。另外，饮用黄茶可以健脾养胃，消除长夏对脾胃产生的不良影响。

桂花茶是由茶坯与鲜桂花窨制而成的一种名贵花茶，香味馥郁持久、汤色绿而明亮。桂花味辛、性温，归肺经，能够温肺化痰、散寒止痛，对痰饮咳喘、脘腹冷痛等症有一定的治疗功效。秋季燥邪较盛，易伤肺脏，常饮桂花茶可以生津利肺。秋季天气日渐转凉，脾胃虚寒之人易出现胀气、胃痛等不适症状，饮用桂花茶可温腹散寒、通气和胃。由此看来，秋饮桂花茶，不仅能使人唇齿留香，更能帮助我们赶走秋燥、安度凉秋。

秋季适宜饮用的茶（黄茶、桂花茶）

4. 冬季

冬季是四季中阳气最弱、阴气最盛的季节。此时天寒地冻，万物闭藏，阳气内收、蓄积于内以御寒。在五行中，冬季属水，应肾经。《黄帝内经》曰："肾者，主蛰，封藏之本，精之处也"，即肾是人体藏储精气的地方。因此，冬季养生重在养肾防寒、匿藏精气。

①红茶属于全发酵茶，性温味甘，适宜在冬天饮用。在寒冷的冬季来上一杯热气腾腾的红茶，可驱寒暖胃。在大多数西方国家和中国部分地区，喝红茶时习惯加入牛奶和糖，制成奶茶。奶茶既有红茶的甜香，又有牛奶所特有的乳香，口感丝滑，营养丰富，深受广大群众喜爱。冬季环境温度较低，人体为了维持体温能量消耗增加，而奶茶富含糖、蛋白质和脂肪，能够及时为机体补充能量。

冬季饮红茶

扫一扫，了解更多吃的科学

除了加奶加糖，往红茶中加入一片柠檬也是常见的红茶饮用方式。柠檬性平，味酸甘，富含多种维生素、有机酸、黄酮和香精油，具有消食、降脂、降血压等功效。红茶在发酵过程中，大量儿茶素在多酚氧化酶的作用下氧化聚合成了茶黄素、茶红素和茶褐素（统称茶色素）。茶色素具有很强的抑制脂肪吸收、降血脂、预防动脉粥样硬化的作用。与其他三季相比，冬季饮食往往偏油、重肉。在冬季饮用柠檬红茶，可以解腻、助消化，预防高脂饮食引起的血脂升高及血管硬化。

②黑茶是另一类非常适合在冬季饮用的茶。黑茶属后发酵茶，历经杀青、揉捻、渥堆、干燥4个工序。在渥堆过程中，茶叶中的多种重要成分在湿热、微生物以及胞外酶的相互作用下发生转化，使黑茶具有不同于其他茶类的独特风味。与其他茶类相比，黑茶富含茶褐素、多糖和短肽，在降脂减肥、降血糖、降血压等方面功效显著。在中国边疆地区，一直

都有“宁可三日无食，不可一日无茶”之说，其内在原因是边疆地区饮食以荤为主，而黑茶可去肥腻、解荤腥、调理肠胃，缓解积食引起的腹胀等症状。前面提到，冬季饮食偏油、偏荤，冬饮黑茶可帮助我们消除油腻饮食所致的不适感，预防因能量摄入过多导致的肥胖和血脂升高。另外，冬季气候寒冷，体表血管收缩，血管阻力增大，血压上升。而黑茶提取物不仅自身能降低血压，还可增强常用降压药硝苯地平的降压效果。基于此，饮用黑茶可预防冬季低温引起的血压上升，保护心血管、预防心血管意外。

冬季适宜饮用的茶（柠檬红茶、奶茶、黑茶）

（三）花样喝法

1．泡茶用水的选择与处理

水是生命之源，人类的生活、生产和生态都离不开水。一杯茶需要水的拥抱、孕育和释放才能形成，古人云“水为茶之母”，可见在古代的人们就已从生产实践中证实了水质对茶的重要性。

（1）泡茶用水的主要来源及类型

目前，日常生活中的泡茶用水主要有各类包装用水、城市自来水、天然水源水3种来源。

①包装饮用水。包装饮用水是指密封于符合食品安全标准和相关规定的包装容器中，可供直接饮用的水（GB 19298—2014）。目前市场上包装饮用水的品类非常多，不仅有各类纯净水（蒸馏水）、天然矿泉水，还有天然泉水、其他天然饮用水、矿物质水等其他包装饮用水。

②城市自来水及其处理用水。城市自来水是指通过自来水处理厂净化、消毒后生产出来的符合相应标准的供人们生活、生产使用的水，中国城市

自来水应达到生活饮用水国家标准（GB 5749）。现在部分城市居民开始采用家庭自来水处理系统来提高自来水的品质。

③天然水源水。一般是指直接到水源源头接取的、符合饮用水安全卫生标准的水。主要包括山泉水、溪水、江水（河水）、湖水等地表水，地下泉水、井水等地下水，雨水、雪水、露水等大气降水。

天然水源水

但不论是各类包装用水，还是城市自来水和天然水源水，其水质与供应的水源地水质情况直接相关。

（2）水质对茶汤品质的影响

俗话说“龙井茶，虎跑水”，自古以来，人们就知道好茶要配好水。明代茶书《茶疏》曾曰“精茗蕴香，借水而发，无水不可与论茶也”，更有张大复“茶性必发于水，八分之茶，遇十分之水，茶亦十分矣；八分之水，试十分之茶，茶只八分耳”的精辟论断。

在古人经验性论述的基础上，现代茶叶科研人员开展了大量关于自来水、江水、泉水、井水和包装纯净水、蒸馏水、矿泉水等不同水质冲泡茶汤的研究工作，明确了不同类型水泡制的茶汤在感官品质、理化成分含量、抗氧化特性和储藏特性等方面存在明显差别。一般认为，除了水质应达到饮用水标准要求以外，水的矿化度（TDS）、硬度和酸碱度（pH）等指标与冲泡茶汤的风味品质都有一定的关系。矿化度是指水中所有的无机离子的总和，而硬度是指钙、镁离子含量，一般矿化度越高、硬度越高、pH越高的水冲泡的茶汤风味变化越大。水中少量的无机离子可以适当修饰茶的风味品质，但含量过多时反而会因为变化过大而变味。另外，水中溶解性气体的含量也会影响茶汤风味品质的呈现，少量的气体可以提高茶汤的鲜爽度。由此可见，泡茶用水以选择软水或低硬水的流动天然水为宜。

（3）泡茶用水的选择

①泡茶用水的选择指标。自古以来人们就认识到泡茶选水的重要性。唐代茶圣陆羽在《茶经》这样总结："其水，山水上、江水中、井水下。"提出了泡茶用水"清、活、轻、甘、冽"的5个选择要点。清：清澈、透明、无色无沉淀，以显示茶本色；活：流动不腐，含气体，以助茶汤鲜爽；轻：比重轻，矿物质含量较低，减少对茶的影响；甘：水入口后口腔有甘甜感，以增茶味；冽：水温冽，地层深处，污染少，提高茶味纯正度。

现代茶叶科技工作者在此基础上，通过大量研究提出了"三低、一富"的现代茶用水的选择指标。首先应符合饮用水的最低要求。由于现代人们各种活动的影响，许多水质受到影响或污染，因此，泡茶用水首先应达到国家生活饮用水的安全卫生以及基本的"无色、无味"等感官标准要求。其次，"三低"要求。除普洱茶等黑茶以外，适合泡茶的水一般应达到"低矿化度（矿质元素含量＜100毫克/千克）、低硬度（$Ca^{2+}+Mg^{2+}$＜10毫克/千克）、低酸碱度（pH＜7）"的"三低"要求。再次，"一富"。富含氧气和二氧化碳等气体的天然水可以更好地提高茶汤的鲜爽度。

②泡茶用水的选择原则与适宜品种。中国茶叶品类及花色品种丰富多

彩，其独特风格是由茶叶中的相关化学成分含量与构成决定的。我们知道，一杯“茶”只有通过“水”的冲泡才能形成，由于水中常带有一些影响茶叶风味成分释放和转化的物质。因此，不同的茶叶应该有其自身的较佳水质，但没有绝对意义上普遍性好的水，采取“依茶配水、因人配水”的原则，在了解水质主要影响因子及其机制的基础上，根据不同茶叶的品质需求特点，在不破坏其风味品质的前提下，可以通过不同水质的选用来调整茶汤的风味，以适应不同消费者的需求。

对于一般消费者而言，采用纯净水、蒸馏水是一种简单而可行的选择，纯净水、蒸馏水能较好地体现原茶的风味；对于要求较高的茶叶爱好者、发烧友而言，可以考虑采用“三低”和“一富”的天然泉水、天然饮用水或天然矿泉水，能更好地发展茶叶的风味品质。特别是各类经过处理的纯净水、天然泉水等包装水，安全卫生、标准、清洁。另外，日常泡茶用水选择中常要注意以下几点：

A．泉水和山溪水。由于水源和流经途径的不同，其溶解物、含盐量和硬度等也有较大差别，并非是所有泉水和山溪水都适宜用来泡茶，如硫磺矿泉水就不能用来泡茶。一般应选择经山岩石隙和植被沙粒渗析，水质比较清纯，杂质少、透明度高、少污染，常含有一定矿质营养的泉水。

泉水和山溪水

B．江、河、湖水。江、河、湖水属地面水，通常含杂质较多，浑浊度大，近些年也容易受到外界生产、生活的影响而出现污染等问题。因此，应尽量选择远离人口密集地的、污染物少，常年流动的江、河、湖水。

江、河、湖水

C．井水。井水受地理位置的影响较大，一般多属浅层地下水，易受污染。因此，井水应选择从砂岩中经过层层过滤后涌出的清泉，终年长流不息的井水或无污染的深井水。

井水

D．自来水。自来水水质与水源地水质关系较大，多数城市自来水水质不好，普遍存有漂白粉和氯气气味。因此，尽量少用自来水冲泡茶叶，要用也需要适当地净化处理。

自来水

E．雪水和雨水。古代雨水、雪水一直为茶人所推崇。但随着大气污染程度的加大，雪水和雨水也并不总是洁净的，如酸雨。因此，一般城市周边不建议使用雪水和雨水。

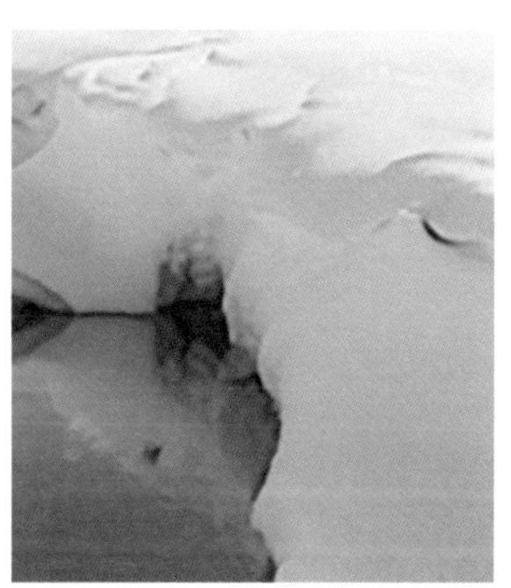

（4）泡茶用水的处理方法

各类包装用水、城市自来水、天然水源水等的品质差异较大，要成为更适合泡茶的水，需要采取不同的处理方法。

①城市自来水的处理。通常自来水厂供应的生活用水均已达到相关的国家标准，但出于消毒等方面的考虑，自来水中常会残留一定含量的游离余氯，普遍带有漂白粉的氯气气味，因此自来水直接泡茶对茶汤风味影响极大，应进行适当地处理。对于低硬度、高清洁度的较好水源地的自来水而言，消毒剂的使用较少，通过简单静置处理即可；而对于来自于高硬度、卫生清洁度不好水源地的自来水而言，消毒剂的使用量会较高，因此其水质处理较为复杂，可采用以下方法：

水缸养水。将自来水放入陶瓷缸内，放置一昼夜，让氯气挥发殆尽，再煮水泡茶。

采用家庭自来水处理系统。经过粗滤、活性炭和反渗透膜等多道自来水处理系统的处理，吸附和去除颗粒物、余氯异味和各种离子后即可使用。

煮沸处理。可以将自来水煮沸一段时间，去除余氯等异味，然后再使用。

②各类包装饮用水的处理。市售的包装饮用水会选择较优的水源，并

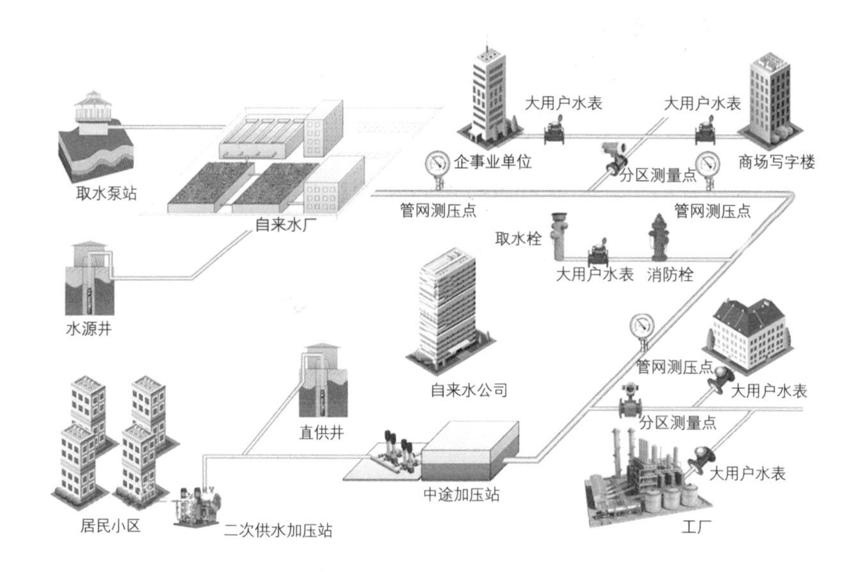

城市自来水处理

通过科学的消毒、软化等处理，无色、无异味，故可择其质优者直接煮水泡茶，并可以采用适合的温度进行泡制。

③天然水源水的处理。符合“三低”特征、洁净的泉水、江河湖水、井水等天然水源水，经过适当地静置处理（一般一昼夜以上）即可使用。对于矿化度和硬度较高的天然水源水，一般需要经过粗滤、活性炭和反渗透膜等多道处理，去除颗粒物、异味，使硬水变为软水后才可使用。

2．泡茶器具的选择

古人云“器为茶之父”，明确表达了茶具对泡茶的重要性。茶具又称茶器、茶器具，广义上是泛指完成泡饮全过程所需设备、器具、用品及茶室用品，狭义上是专指泡和饮的专门用具，即主茶具，也是人们日常所用茶具的含义。

专用主茶具的出现和种类演变，与制茶业的发展以及饮用方法的变化、饮茶的普及程度、陶瓷业的发展等有密切的关系。最初古人只是采集鲜叶生嚼、煮羹食用，随后人们学会了将茶树鲜叶晒干收藏或采叶作茶饼，仍沿用羹煮之法。故当时并无专用茶具，大体为陶、木、金属等制的食具，与酒具无严格区分，大多可通用。随着茶从药用、食用到饮用的演化，到唐代饮茶已十分普及，成为日常生活的一部分，才从食器中衍生出专用饮茶器具。

饮茶器具的质地多种多样，以陶瓷器为主。此外，还有玻璃、金属（如金、银、铜、锡、铝等）、搪瓷、塑胶、玉石、水晶、玛瑙等材质。从科学泡饮的角度来看，最为适宜的仍推陶瓷茶具和玻璃茶具。

（1）泡茶器具的主要品类

日常生活中以陶质、瓷质、玻璃三类材质的泡茶器具最为常见。

①陶质茶具。是用黏土烧制的饮茶器具。陶器成形，最早用捏塑法，再用泥条盘筑法，后用器形用模制法，现用轮制成形法。陶质茶具特点在于保温性好，其中最有代表性的是紫砂茶具。紫砂茶具主要产自江苏宜兴，在浙江长兴也有出产。紫砂茶具是紫泥、红泥和团山泥成型后经1150℃烧制作而成，紫砂茶具所用的主要泥土属于黏土-石英-云母系，具有颗粒细小均匀的团粒结构，内部的双重气孔使之具有良好的透气性和吸附性。

陶质茶具

②瓷质茶具。是用长石、高岭土、石英等为主要原料烧制的饮茶器具。经原料配比、加工成形、干燥，以1300℃左右高温烧制而成。江西景德镇是我国瓷茶具的主要生产地。瓷器源于陶器，是随着陶器生产的发展而来。演变过程如下：土→软质陶→亚硬质陶→硬质陶→原始瓷→瓷。

瓷的质地坚硬致密，表面光洁，薄者可呈半透明状，敲击时声音清脆响亮，吸水率低。

白瓷茶具

A．白瓷茶具。白瓷茶具坯质致密透明，上釉、成陶火度高，无吸水性，音清而韵长。因色泽洁白，能反映出茶汤色泽，传热、保温性能适中，适合冲泡各类茶叶，使用最为普遍。

B．青瓷茶具。青瓷茶具除具有瓷器茶具的众多优点外，因色泽青翠，用来冲泡绿茶，更有益汤色之美。但用它来冲泡红茶、白茶、黄茶、黑茶，则易使茶汤失去本来面目，故不宜冲泡这几类茶。

青瓷茶具

青花瓷茶具

玻璃茶具

C．青花瓷茶具。是指以氧化钴为呈色剂，在瓷胎上直接描绘图案纹饰，再涂上一层透明釉，而后在窑内经1300℃左右高温还原烧制而成的器具。它的特点是：花纹蓝白相映成趣，有赏心悦目之感；色彩淡雅幽菁可人，有华而不艳之力，加之彩料之上涂釉，显得滋润明亮，更平添了青花茶具的魅力。

③玻璃茶具。一般是用石英砂、长石及石灰石、纯碱等主要原料混合后，在高温下溶融、澄清、匀化后加工成形，再经退火处理后冷却制成。玻璃茶具有很多种，如天然水晶玻璃、无色玻璃、玉色玻璃、金星玻璃、乳浊玻璃茶具等。具有耐热、高透视度、易清洗、造型优雅、泡茶味道不残留等多种优点。

（2）茶具的选配

所谓“工欲善其事，必先利其器”。要想泡好一杯茶，选好茶具是关键。茶具选配需要根据茶类特点、冲泡方法和泡茶场合等因素进行综合考虑，并无定论。一般主张以科学实用为基本原则，兼顾美观与特定需要即可。

①根据茶具色泽来选配。为了能够更好地品茶，茶具挑选除了注重器具的质地之外，还应注意外观的颜色。不仅要将茶具的功能、质地、色泽三者统筹协调，选配出完美的茶具，还应该考虑茶具外观色泽与茶叶、茶汤相匹配，饮具内壁以白色为好，能真实反映茶汤色泽与明亮度。茶具的颜色通常可分为冷色调与暖色调两类。冷色调包括蓝、绿、青、白、黑等颜色，暖色调包括黄、橙、红、棕等颜色。陶瓷器的色泽与胎或釉中所含矿物质成分密切相关，而相同的矿物质成分因其含量高低，也可变化出不同的色泽。陶器通常用含氧化铁的黏土烧制，只是烧制温度、氧化程度不同，色泽多为黄、红棕、棕、灰等颜色。瓷器的花色历来品种丰富，变化多端。茶具的色泽主要指制作材料的颜色和装饰图案花纹的颜色。各种茶类适宜选配的茶具色泽大致见表1。

表1　主要茶类的茶具色泽选择表

主要茶类	选配茶具与色泽
名优绿茶	一般选用明色玻璃杯，应无色、无花、无盖，或用白瓷、青瓷、青花瓷无盖杯。
花茶	一般选用青瓷及青花瓷等盖碗、盖杯、壶杯具
黄茶	奶白或黄釉瓷壶杯具、盖碗、盖杯
红茶	内挂白釉紫砂、白瓷、红釉瓷，或其他暖色瓷的壶杯具、盖杯、盖碗或咖啡壶具。
白茶	白瓷杯具
乌龙茶	紫砂壶杯具，或白瓷壶杯具、盖碗、盖杯。也可用灰褐系列炻器壶杯具。

②依茶类特性来选择。

A．绿茶。绿茶品质特征是清汤绿叶，特别是一些名优绿茶，采摘芽叶整齐，造型优美，具有极高的观赏价值。为了使绿茶的清香、嫩香充分显露，并能保持茶汤和叶底的翠绿，真切地观赏茶叶在冲泡中的动态美，宜选用壁薄而散热好、质地致密、孔隙度小、不易吸香的玻璃器具。若要冲泡原料较成熟的绿茶或大宗绿茶，充分发挥这类绿茶的清香和醇厚的滋味，同时掩盖其外形上的不足，宜选用薄胎瓷质杯具。如用白瓷杯冲泡，可以充分映衬绿茶的汤色美，又可品尝到其醇爽的滋味。

B．红茶。红茶的主要品质特征是香气高，汤色红艳明亮，滋味浓强，富有较强的刺激性。若泡饮工夫红茶，因需要的水温较高，就宜选择保温性较好的器具，如壁较厚的白瓷杯、白底红花瓷、各种红釉瓷的壶杯具、盖碗、粗瓷，或材质孔隙大、吸水率较强的陶器，内壁上白釉紫砂器。

C．乌龙茶。乌龙茶属于半发酵茶，色泽青褐，故又名青茶。典型乌龙茶的叶体中间呈绿色，边缘呈红色，素有“绿叶红镶边”的美称。乌龙茶主要品质特征是香气馥郁，汤色黄橙明亮，滋味浓强。选择胎质较为厚实的茶具，如紫砂茶具、彩瓷盖碗，使香气得到充分“孕育”，从而使其香气得到完美悠长的发挥。

D．普洱茶（黑茶）。由于普洱茶适宜用高温来泡茶叶及浸出茶内含物质，而紫砂壶的透气性且保温性均好，它能吸收茶汁，而且具有耐冷耐热的特性和保持茶汤原味的功能，故选用紫砂壶冲泡为最佳，可以提升普洱茶的香气，滋味更醇厚，尤其适合有年份的普洱老茶。另外，普洱茶冲泡适宜使用大一点的茶具，以更好地表现出普洱的色、香、味等品质特征。土陶瓷提梁壶一般体积较大，其特有的古典粗犷的美更符合普洱茶深厚的陈韵，且适合多人一起饮用。

③依冲泡方法选择。不同茶叶一般需要不同的冲泡方法与之配套，而冲泡方式的差异也决定了泡茶器具选用的不同。如绿茶直接泡饮一般可采用玻璃杯，乌龙茶、普洱茶需要慢慢煮着或多次冲泡着喝，因此需采用一套紫砂壶杯具来泡制。另外，各种茶类采用壶泡法时，在配具上也

各有特点。冲泡绿茶时，以大口壶和扁形壶为宜，这样绿茶不会被闷黄；冲泡红茶、乌龙茶、普洱茶时宜用壶口小、球形、鼓腹形等保温性好的茶壶。

(3) 茶具的选购

现代茶具琳琅满目，日常生活中泡茶、饮茶的器具，以实用、安全、简单为宜。

①选购原则。

A．实用。一般茶具选购除了美观的欣赏作用以外，关键是为了自己泡茶使用，所以实用很关键。

B．安全。茶具质地纯，净度好，材质及工艺符合安全卫生标准，对人体无毒无害。

C．简单。茶具器形周正洁润，大小比例恰当，表理不粗糙，光泽度好。不一定追求“一壶千金”，即使是一只普通玻璃杯，因为简单适用，也是好的。

茶具历史悠久，形成了一批收藏爱好者。在实用的同时，收藏爱好者们还要讲究佳茗配好具。茶具的古雅，要求造型优美、色彩协调、有款识。优美的造型给人视觉上以美的享受和精神的愉悦，可以根据个人的喜好、感受来进行选购。

②选购方法。

A．看、闻、听。

一看：在购买茶具时应注意察看。看器形是否完整、有无破损、有无变形；釉色是否光洁，色度是否一致，有无砂钉、气泡眼、脱釉等。选购玻璃茶具时，应特别注意玻璃色泽及厚薄是否均匀，有无气泡杂质。

二闻：用鼻子嗅，看是否有异味。陶瓷新壶略带土味或瓦味属于正常，买回家做些处理后可用。若有火烧味或其他杂味，则不可取。

三听：提起轻轻弹叩，声音清脆为好，声音沉闷者质地差，声音嘶哑者可能会有裂纹。

B．茶具之间色泽相协调。茶具色泽选择原则是要与茶叶相配，饮具内壁以白色为好，能真实反映茶汤色泽与明亮度，以主茶具的色泽为基准，注意主茶具中壶、盅、杯的色彩搭配。

C．茶具大小容量相适宜。一般情况下，公道杯的容量要大于泡茶壶或盖碗的容量，壶的容量要与杯的容量、人数相匹配。

（4）陶瓷茶具的优劣识别

生活中最常见的陶瓷茶具是紫砂壶与瓷茶具，这两类茶具的优劣识别是人们特别关注的，在日常生活中常能用到。

①紫砂壶优劣识别。一要观其外形，按其形状可分为筋纹（又称筋瓤）、几何（又称素货）和自然（又称花货）3种，重点观看点、线、面等轮廓，清晰者为上品。二看壶之色泽，色泽古雅，温润有光为上品，但要注意人为光润，如擦腊后的色泽。三嗅壶内腔气味，如果生土味重，说明新品；如果茶味重，则说明是旧品，一般后者比前者好。四用壶盖敲壶体，声响清脆为上，杂而沙音为次。五看款识，认清制作者。六讲壶之功能。好壶倒水流畅，要求壶的嘴、把、壶口做到“三平”，起码壶嘴和壶口要平，使注水容易，出水不溅水花，回水不打滚；壶盖要密合，达到“禁水”。依上述六条基本上能辨别壶的好坏。

②瓷器茶具优劣识别。总的来说要求质地坚硬致密，表面光润，薄者可呈半透明状，敲击时声音清脆响亮，厚者古朴重实，敲击时声音宏亮，不吸水分。其他要求类同紫砂茶具。

(5) 茶具的保养

对喝茶的朋友来说，如何保养茶具是一个普遍问题。一般对陶瓷茶具保养的方法主要体现在清洁方面，因为茶具很容易沉积一层茶垢，影响美观和使用。

保养茶具的关键是养成好习惯，每次喝完茶后一定记得把茶叶倒掉，把茶具用水清洗干净，并晾干待下次使用。如能够长期保持这种良好习惯，茶具可长期保持明亮光泽。另外，经过长时间使用，茶具都可能会上茶色，用清水一般洗不掉。这个时候，可以挤少量的牙膏在茶具上面，用手或是棉花棒把牙膏均匀地涂在茶具表面，大约过1分钟后再用水清洗这些茶具。这样，茶具上面的茶垢就很容易被清洗干净了。日常茶具保养应注意以下问题：

①彻底将壶身内外清洗干净。无论是新壶还是旧壶，使用和保养之前要把壶身上的蜡、油、污、茶垢等清洗干净。对新紫砂壶来说，还应去除壶内土渣，可用砂皮纸轻轻磨去。

②经常用茶壶泡茶。泡茶次数越多，壶吸收的茶汁就越多，土胎吸收到某一程度，就会透到壶表发出润泽如玉的光芒。

③切忌沾到油污。茶壶最忌油污，沾后必须马上清洗，否则茶壶吸收不到茶水，全留下油痕。但切忌用洗洁精来清洗，尤其是紫砂茶具，否则人造香精味一时难以消除，会干扰茶味。对紫砂新壶来说，为去除土腥味，可用豆腐卤水或废茶水来冲洗，味重者可将壶煮沸后，再用清水淋洗。

④擦与刷要适度。壶表淋到茶汁后，用软毛小刷子，将壶中积茶稍稍刷洗，用开水冲净，再用清洁的茶巾稍加擦试即可，切忌不断用力地搓洗。

⑤喝完茶要清理晾干茶具。要将茶渣清除干净，以免产生异味，又需

重新整理。为使紫砂壶留有茶香，需一壶一茶品，避免使用时串味。

⑥让壶有休息的时间。勤泡一段时间后，茶壶需要休息，使土胎能自然彻底干燥，再使用时才能更好地吸收茶汤。

3．茶叶的冲泡方法

(1) 茶叶冲泡"三原则"

中国茶叶品类繁多，风格多样，消费需求及品饮场合大相径庭，如何得体地为客人奉上一杯茶要考虑很多的因素。一般而言，日常冲泡应掌握"看茶泡茶、因人泡茶、视境泡茶"的基本原则。

①看茶泡茶。根据茶叶选择合适的器具和用水，并配以恰当的冲泡方法。

②因人泡茶。根据每个人对于茶叶风味的不同偏好，提供不同的茶品，另外也要考虑到因人而异的品饮习惯。

③视境泡茶。根据场合需要、环境情况等，搭配茶具，以达到冲泡效果。

(2) 茶叶冲泡"四要素"

泡茶是令茶叶成为适宜饮用茶汤的过程。具体说，是指用开水冲泡茶叶时，通过器具选择、水温调节、时间控制及冲泡手法变化，令茶叶中的呈味物质充分溶于水，并成为色香味俱佳饮品的过程。茶叶中含有多种可溶性成分，溶出量的多少以及各种成分的溶出比例，是导致茶汤色、香、味差异的原因。茶叶中呈香、呈味物质的溶出量以及比例关系受到茶水比例、泡茶水温、冲泡时间、冲泡次数的综合影响，俗称为"泡茶四要素"。

①茶水比例。茶水比例是指投茶量与茶具容水量的比例，具体数值视茶类、茶的等级、个人品饮习惯而定。通常情况下，名优绿茶、红茶、黄茶和花茶，茶水比为1∶50；而大宗绿茶、红茶、黄茶及花茶的茶水比为1∶75；普洱茶茶水比为1∶25～40，白茶为1∶20～25。乌龙茶品饮时采用快速出汤后使用20～30毫升的品茗杯进行品尝，因此可加大投茶量。一般颗粒形茶（冻顶乌龙等）约占泡茶器容积的三分之一，半球形茶（铁观音等）约占泡茶器容积的二分之一，条形茶（广东乌龙、武夷岩茶）约占泡茶器容积的三分之二，对于口感较重的人可加满冲泡器具的容积。虽然干茶占冲泡器具的比例不一样，冲泡之后，茶叶舒展的叶底约占冲泡器的七成至九成容积，其茶水比为1∶20～30。

同一茶类冲泡时细嫩茶用量多一些，中低档茶用量少一些。另外投茶量因人而异，“老茶客”一般喜喝浓茶；无喝茶习惯者，怕喝茶兴奋不易安睡，喜喝淡茶。对前者可增加投茶量或延长第一泡时间，而后者宜减少投茶量或缩短冲泡时间。对待特殊顾客如老人、孕妇、儿童时，就应当尽量选择口味刺激性小、茶性温和型的茶品，同时减少投茶量。

②泡茶水温。在茶水比例与冲泡时间相同的情况下，茶叶中各种内含物在茶汤中的溶解度受水温的影响很大。不同的内含成分在不同的冲泡温度下溶出速率不同。随着温度的降低，儿茶素类物质溶出率迅速下降，而氨基酸溶出率下降较慢，以安吉白茶为例，同样的冲泡时间，低温冲泡的儿茶素类物质含量下降要快于氨基酸，因此低温的茶汤中氨酚比更高，口感的鲜度更强。

不同茶类适宜的冲泡水温不同。对于大多数名优绿茶，由于原料细嫩，为保持茶汤和叶底的鲜嫩绿色，常用80～90℃水冲泡。但不同品种名优绿茶由于品质特色不同，有时也用沸水进行冲泡。对于芽叶肥壮、白毫满披的松阳银猴，因茶叶表面多茸毛多蜡质，内含物质不易溶解，需用沸水冲泡，否则茶叶久不下沉，茶汤淡而无味。有时为了表现茶叶的品种特色，也用60～65℃水进行冲泡，如以“鲜”为主的安吉白茶和以“甘”出彩的太平猴魁，通过低温降低儿茶素的浸出率，从而体现茶汤特色。另外在炎热的夏季，对于揉捻充分，芽叶细嫩的茶，可用冷矿泉水或冷开水浸泡，以享受特别鲜醇爽口之味。

黄茶的冲泡温度可略高于绿茶，但对于细嫩黄茶也要控制水温，避免茶芽烫熟、产生熟闷味。

乌龙茶、红茶、黑茶、白茶一般用沸水进行冲泡。乌龙茶强调香气的丰富性，高温能够使得茶香得以充分的激发；红茶、黑茶为发酵茶，低温无助于色、香、味形成；白茶茶毫密布，为保证内含物的溶出，也以沸水为佳。夏季也可用冷水泡乌龙茶、白茶，放入冰箱后冷藏，汤中茶香分外沁人心脾。

此外冲泡备水时还要根据季节气候、冲泡器具质地和冲泡程序繁简而灵活调控，关键是令冲入容器时的水温能达到前述各茶类冲泡的水温要求。一般夏天备水时温度可低一些，冬天则高一些；未经预热的泡茶器具及容易散热的容器宜高些，反之则低一些；冲泡之前程序较繁，所备之水将会久置，故初备水时温度宜高一些，必要时附加煮水炉以保持水温。

③冲泡时间。冲泡时间直接决定茶汤的浓度。为品尝到名茶特有的风味，用杯泡或盖碗泡时，第一道茶宜在冲泡2～3分钟内品饮，且每次留下杯中的1/3茶汤，以避免下一道茶汤淡而无味；续水再品时对冲泡时间并无精确规定。乌龙茶采用紫砂壶或盖碗分汤法，为使每道茶的茶汤色泽一致、风味接近，要注重控制冲泡时间。乌龙茶一般第一泡时间为1分钟，其后逐渐延长冲泡时间。颗粒紧结的球形、半球形茶冲泡时间略长，条索形茶冲泡时间相对要缩短。

④冲泡次数。茶叶的冲泡次数与茶叶种类、投茶量、泡茶水温和品

饮者习惯有关，不可一概而论。从科学泡茶的角度来说，从第一道到第三道茶汤色泽可以控制得较为一致，但细细品尝其滋味却各不相同。对于大多数绿茶、黄茶、红茶而言，冲泡三次风味已尽，再续水冲跑只是解渴罢了；对一些芽叶肥壮厚实、内含物丰富但溶出速率较慢的茶，如白毫银针，可冲泡较多次数，但单泡茶汤的浓度会较淡。乌龙茶投茶量大，古人常说七泡有余香。综上所述，冲泡次数并无硬性要求，视品饮者需要而定。

（3）如何冲泡不同的茶

对于不同的茶叶应采用不同的冲泡方法，常见的冲泡方法有杯泡法、盖碗泡法和小壶泡法、大壶煮茶法。

杯泡法适用于不能长时间闷泡的茶，如细嫩绿茶、黄茶。杯泡法的冲泡可分为上投法、中投法、下投法。上投法是指先在杯中冲入水，然后加入茶叶，此时茶叶在水面缓缓舒展、徐徐下降，这种方法的优势在于不易使茶叶闷黄，适合于芽叶细嫩、茸毫含量高易毫浑的茶；中投法是指冲入1/2的水，然后加入茶叶，最后在将水冲满，适合于既不过分细嫩、又不十分难于下沉的茶叶；下投法是指先加入茶叶，然后注水冲满，适合于不易沉底，芽叶肥壮的茶叶。盖碗泡法适合于绿茶、黄茶、红茶、白茶、花茶、乌龙茶。其中大盖碗可直接品饮，一般用于绿茶、黄茶、白茶、花茶、小叶种红茶；小盖碗分汤品饮，一般用于乌龙茶。小壶泡法适用于白茶、大叶种红茶、乌龙茶、黑茶，一般使用紫砂壶，采用分汤法进行品饮，冲泡水温较高；大壶煮茶法适用于老白茶、黑茶等，常用陶壶、银壶、铁壶。具体方法适用的茶品见表2。

表2　典型茶叶冲泡技艺汇总

茶具	泡法	茶类	茶品
杯泡法	上投法	绿茶	碧螺春、信阳毛尖
	中投法	绿茶	径山茶、安吉白茶
	下投法	绿茶、黄茶	西湖龙井、松阳银猴、蒙顶黄芽、莫干黄芽
大盖碗泡法	上投法	绿茶	碧螺春、信阳毛尖
	中投法	绿茶	径山茶、安吉白茶
	下投法	绿茶、黄茶、白茶、花茶、小叶种红茶	西湖龙井、松阳银猴、蒙顶黄芽、莫干黄芽、白毫银针、茉莉银针、祁门红茶
小盖碗泡法	分汤法	乌龙茶	铁观音、武夷岩茶、凤凰单丛、台湾乌龙
小壶泡法	分汤法	白茶、大叶种红茶、乌龙茶、黑茶	铁观音、武夷岩茶、凤凰单丛、台湾乌龙、白毫银针、滇红工夫、生普洱茶、熟普洱茶、砖茶
大壶煮法	分汤法	白茶、黑茶	白牡丹、贡眉、生普洱茶、熟普洱茶、砖茶

名优绿茶琉璃杯冲泡法：

1．备具：绿茶玻璃杯、茶叶、杯托、茶则等。

2．温杯与润杯。热水注入茶杯1/3处，轻轻转动杯，均匀湿润杯内壁，然后弃去。

3. 投茶。将茶叶加入温润后的玻璃杯中。

4. 润茶。注入少量热水至杯中，浸没茶叶为宜。

5. 摇香。轻轻摇动茶杯，激发茶香。

6. 闻香。嗅闻摇香后激发出的茶香。

7. 冲泡。注入热水，冲泡茶叶。

8. 品茗。静待片刻，品尝香茗。

乌龙茶壶盅双杯冲泡法：

1．备具。准备茶壶、盖碗、茶叶、公道杯、品茗杯、杯托、茶则等茶具。

2．温具与润具。热水注入盖碗至1/3处，轻轻转动盖碗，使得热水均匀湿润盖碗内壁。

3．温杯。用沸水温热茶杯。

4．投茶。将茶叶加入盖碗中。

5．冲泡。冲入沸水。

6．出汤。静待片刻后出汤入公道杯。

7. 分汤。将茶汤均匀地分到品茗杯中。

8. 品茗。品尝香茗。

红茶盖碗冲泡方法：

1. 备具。准备紫砂壶、公道杯、品茗杯、杯托、茶则等茶具。

2. 温壶杯。用沸水温热茶壶、茶杯。

3. 投茶。将茶叶加入紫砂壶中。

4. 润茶。茶壶中注满沸水后迅速倾出弃去，以激发茶性。

5．冲泡。冲入沸水。

6．出汤。静待片刻后出汤入公道杯。

7．分汤。将茶汤均匀地分到品茗杯中。

8．品茗。品尝茶汤。

（4）茶叶冲泡应注意的问题

茶叶冲泡时应注意以下几个问题：

第一，克服紧张心理，日常饮茶不同于茶艺表演，“柴米油盐酱醋茶”，茶是我们日常生活中不可或缺的部分，不要把泡茶看成远离生活的事，敢泡茶才能爱泡茶。

第二，不必过分追求茶具、茶叶的高档名贵，普通的茶具选择合适的冲泡方法也能冲泡出一杯甘醇鲜美、芳香四溢的茶汤，而好茶可遇不可求，珍惜我们所拥有的能获得更大的满足感。

第三，泡茶或品饮时要注意细节，杯泡或者大盖碗泡茶时，要注意客人的饮茶情况，及时为客人续水，这也是我们中国人客来敬茶的良好习惯；采用小盖碗和壶泡分汤时，要及时均匀地为客人续上茶汤，不能有厚此薄彼的行为。续茶时要注意茶汤续水七分满，俗话说的“茶满欺人，酒满敬人”“从来茶倒七分满，留下三分是人情”，另外茶倒太满也容易让客人烫伤。最后作为品饮者，对方为自己续水时要加以感谢。

4．茶叶多样化泡饮方法

中国传统茶叶泡饮一般为无其他添加的清饮方式。随着国外一些调饮茶和我国少数民族各种混配茶的流行，近些年来市场上开始流行添加奶、水果和其他植物原料等为主的各种调饮茶，主要包括各种奶茶、水果茶、酥油茶、白族三道茶、客家擂茶等多样化的产品。调味茶由于添加了其他食品原料，并可根据季节气候变化泡出一些独特的产品，明显增加了茶叶的丰富性，增强了生活情趣，特别受女性和青少年的喜爱。

（1）奶茶

传统奶茶也叫蒙古茶，原为中国北方游牧民族日常生活中不可缺少的的饮品，至今最少已有千年历史。现代奶茶首先在英殖民地国家开始盛行，俗称英式奶茶，然后传入中国香港和中国台湾形成了港式奶茶和台式奶茶。中国大陆开始盛行奶茶也是近十几年的事，但发展迅速，大街小巷的各类奶茶店象雨后春笋般地涌现。市面上也出现了大量的包装奶茶。当前，一批新型调味奶茶的出现已成为了现调茶饮料的网红。

①主要现调奶茶品类。市场上现调奶茶主要分为英式奶茶、珍珠奶

茶和蒙式奶茶三大类。英式奶茶以牛奶和红茶、糖为主，再加入其他辅助食料，采用的茶和牛奶品质较好，有纯英式奶茶、印度奶茶等品类，以前多为贵族饮用；珍珠奶茶源于台湾，以加入各种粉圆和口味的变化取胜，比较平民化，属于大众消费品；蒙式奶茶也注重茶叶和牛奶的品质，一般加入盐或糖，因为靠近草原，所以牛奶品质较好，但口味多以咸为主。

主要现调奶茶品类

国内现调奶茶前些年多以台湾的珍珠奶茶为主。近些年，为适应年轻消费群体的需要，新的现调茶饮店通过对奶茶原料、包装和冲泡方式上的革新，迅速发展起来。

②传统奶茶的制作方法。先将茶捣碎，放入白水锅中煮。茶水烧开之后，煮到茶水较浓时，用漏勺捞去茶渣之后，再继续烧片刻，并边煮边用

勺舀上倒下茶水，待其有所浓缩之后，再加入适量鲜牛奶或奶粉，用勺搅拌至茶乳交融，再次开锅即成为馥郁芬芳的奶茶了。要熬出一壶醇香沁人的奶茶，除茶叶本身的质量好坏外，水质、火候、茶乳比例也很重要。一般说来，可口的奶茶并不是牛奶越多越好，应当是茶乳比例相当，既有茶的清香，又有奶的甘香，二者偏多偏少味道都不好。在多数地方喝奶茶要加少许食盐，但也有的地方不加食盐，只是把盐碟放在桌上，喜欢喝咸味的就加盐，不喜欢咸味的则不加盐。

(2) 酥油茶

中国有56个民族，民俗众多且各不相同，很多少数民族都有自己特有的调饮茶，如白族三道茶、佤族擂茶、藏族酥油茶、壮族打油茶等。

酥油茶是藏族民众每日必不可少的饮料，多作为主食食用，有御寒提神醒脑、生津止渴的作用。居住在青藏高原的藏族，由于独特的自然地理环境，日常生活中以酥油和糌粑为主要食品，那里气候较冷，不宜于蔬菜的生长，与之相比，茶叶却容易运输和保存。牛、羊是西藏人生活中不可缺少的一部分，而制作酥油茶的酥油就是从牛、羊奶中提炼出来的。在长期的实践过程中，藏族民众渐渐懂得，蔬菜所含有的许多营养成分，可以由茶叶来补充，这样就创造了独特的酥油茶打制方法。具体制作方法参见如下：

先将奶汁加热，然后倒入一种叫做“雪董”的大木桶里（高4尺[1]、直径1尺左右），用力上下抽捣。

上下来回抽捣数百次，搅得油水分离，上面浮起一层黄色的脂肪质，用勺舀起来，灌进皮口袋，冷却了便成酥油。

将适量酥油及食盐放入特制的酥油茶桶（这是藏区同胞家里常见的也

① 1尺≈0.33米。——编者注

是必备的一种生活工具，由筒桶和搅拌器两部分组成。筒桶用木板围成，上下口径相同，外面箍以铜皮，上下两端用铜做花边)，备用。

在茶壶或锅中加入冷水，放入适量砖茶或沱茶后加盖烧开，然后用小火慢熬至茶水呈深褐色，入口不苦为最佳。

酥油茶桶

把煮好的浓茶滤去茶渣，倒入备用的酥油茶桶。

用力将木杵在茶桶中上下来回抽几十下，反复搅拌，使酥油与茶汁融为一体，呈乳状即可。

然后倒进锅里加热，便成了喷香可口的酥油茶了。

(3) 植物混配茶

目前，采用植物、水果等原料与茶叶搭配后，可以调制出一批各具特色的新型风味茶产品，较好地丰富了茶饮品的种类。

花果茶

①花果茶。花果茶是由水果搭配花卉和茶叶精制而成的，已有数百年的历史。在欧洲，对德国人来说，花果茶是他们饮食生活中的重要部分，不但德国老人喜欢喝，德国妇女也将此茶视为一种不可或缺的美容养颜佳品。

传统花果茶的配料主要有玫瑰果、苹果肉、蓝莓、橘橙、洛神花等。配置好的花果茶一般汤色很美，喝起来酸酸甜甜的，富含维生素A、B族维生素、维生素C、维生素K，口感清新怡人，颜色缤纷，能润泽肌肤，舒畅身心。近年来逐渐成为继花茶之后最受女性喜爱的茶品。随着花果茶被广大消费者认可，其受众群体也渐渐地增多，这种不含咖啡碱和人工色素的天然饮品，也得到了小朋友的喜爱。

②杞菊茶。由绿茶、菊花、枸杞等泡制而成的药茶，有滋肾、养肝、明目的功效，适合肝肾阴虚、目涩头晕者饮用。

杞菊茶

A．茶具配置。通常用青花瓷具，亦可用青瓷、白瓷。

B．配料。菊花3克、枸杞3克、绿茶2克。其中菊花建议选用杭白菊，效用较高。特别是杭白菊中的胎菊，它选用未开放的杭白菊花蕾制成，含有丰富的菊苷、氨基酸及多种维生素和微量元素，具有更高的饮用价值；枸杞以宁夏中宁县的枸杞药效最好，质量最高。

C.冲泡方法。将菊花3克、枸杞3克、绿茶2克放入盖碗，用250毫升开水冲泡后饮用，冲饮至味淡后弃去。饮用时可加适量冰糖或方糖。

（四）吃茶宜忌

科学、合理地吃茶是茶叶有益于人体健康的前提。除了人体、环境、季节等影响因素外，日常吃茶还有许多宜忌事项，值得我们平时注意。

1. 茶食搭配宜忌

（1）茶与茶点的搭配

喝茶之人都知道，饮茶配茶点，就如同饮酒配下酒菜。早在唐朝，中国就盛行饮茶时搭配茶点的饮茶方式了。根据记载，唐代茶点品种非常丰富，粽子、水饺、馄饨等一些点心都一度是流行的茶点。现在，广东地区的人们饮早茶仍坚持"一杯茶、两件茶点"的标配。茶点的选择既是一门技术，也是一门艺术。选择合适的茶点，不仅要求对茶性有所了解，还要求对食性深刻领会。简单地来说，茶点本身要好看、好吃，与茶搭配在一起时既不会破坏茶的风格，也不能喧宾夺主。

广式早茶

民间素有“甜配绿、酸配红、瓜子配乌龙”的说法，所以，茶点的选择应遵循两个要点：性味相合，就是说食性要与茶性相合；视觉相配，是指不同茶叶的外形、颜色各异，需要不同形状、颜色的食物相伴，以在视觉上形成一种和谐美。绿茶、铁观音、黄茶、白茶等不发酵或轻发酵茶滋味淡雅、颜色清爽，适宜搭配清淡的茶点，比如老婆饼、核桃酥和瓜子、花生等坚果；红茶属于全发酵茶，滋味醇厚浓郁，几乎和所有点心都能相配。红茶既适宜搭配咸味或略带酸味的点心，如苔菜饼、干菜饼、苏打饼干、三明治、话梅；也可以搭配各种中西式点心，比如麻花、酥饼、松饼、曲奇、泡芙、水果挞；特别适合搭配风格明显的蛋糕，如奶酪蛋糕、黑森林蛋糕、巧克力流心蛋糕等；黑茶属于后发酵茶，滋味醇和，比较容易让人“一喝就饿”，因此可搭配各类肉干、肉脯、果脯，或者麻糍、凉糕、青团等比较容易让人产生饱腹感的点心。

不同茶配不同的茶点

(2) 茶与菜品的搭配

国人爱茶，不仅用于日常品饮，还将其与食物搭配烹饪入菜。《晏子春秋》记载："晏子相景公，食脱粟之饭，炙三弋五卵，茗菜而已。"说明早在春秋时期，就已经以茶入菜了。至清代，已有厨师用"雀舌""鹰爪"等茶叶炒河虾仁了。通常茶叶入菜的方式有4种：一是将新鲜茶叶与菜肴一起烤制或炒制，是为茶菜；二是在茶汤里加入菜肴一起炖或焖，是为茶汤；三是将茶叶磨成粉撒入菜肴或制成点心，是为茶粉；四是用茶叶的香气熏制食品，是为茶熏。现代茶宴复兴者刘秋萍女士认为，茶菜有三重境界。最初级的茶菜是看得见茶叶的；第二重境界的茶菜是菜肴里有茶，但却看不见一片茶叶，茶有机地融入了菜品中；第三重境界的茶菜是含有深刻文化含义与审美情趣的。

茶宴

以茶入菜，讲究技巧。入菜的茶叶用得恰当，能去腥、去臊、去油腻、去杂味，与主料相得益彰、不会喧宾夺主；如若用得不当，则会使菜肴味道苦涩、颜色暗淡。茶叶菜肴以素雅洁净、原味自然为宜，烹调时不宜添加过多调料。

以茶入菜，茶类不同，适宜的烹调方式不同。比如绿茶原料较嫩、口感好，可直接入菜；铁观音茶性清淡、香气宜人，宜取茶汤做面点；乌龙茶、普洱茶原料较粗老，应取其茶汤入菜。

以茶入菜，食材不同，搭配的茶叶也不同。绿茶比较适合与同属寒凉性味的河、海鲜一起烹调（如龙井虾仁）；绿茶、铁观音等清香型茶类的茶汤还适宜做饺子、羹汤、蒸饭（如茶香莲子羹）；性平的乌龙茶比较适合与鸡、鸭肉搭配（如川菜樟茶鸭）；性温的红茶比较适合与牛肉搭档；香味充足的红茶还适宜与蔬菜中比较脆、爽的一部分梗类原料搭配，制作成凉菜；黑茶则可用于卤肉。

虽然茶叶与多种食材都可配伍，但茶叶特别适合与本身含有天然油脂及鲜味的食物搭配，比如鱼、虾、肉。茶叶在去除食物腥味的同时，可使食材留下淡淡的茶香；而肉类富含脂肪和蛋白质，能降低茶的苦涩味。两者结合在一起，可提升彼此的香味、口感。龙井虾仁便是一道美味经典的茶叶菜品。这道菜虾仁鲜嫩玉白、茶叶清香碧绿、菜形雅致、滋味独特，食后清口开胃，回味无穷，在杭邦菜中堪称一绝。

值得一提的是，富含磷、钙的食材（如豆腐）不宜与茶搭配。因为两者容易发生化学变化形成草酸钙，对人体消化系统不利。

(3) 常见茶菜茶点制作方法

①冷盘。

表3 常见茶菜冷盘制作方法

菜名	主要配料	制作方法
沱茶醉莴笋	莴笋500克、香油10克、盐6克、味精2克、沱茶30克。	沱茶用300毫升沸水泡开，取茶汤。莴笋洗净，去皮、切成长条，用少量盐稍渍。将香油、茶汁、盐、味精等调成味汁，淋在莴笋上，抖匀即可。

续表

菜名	主要配料	制作方法
绿茶土豆沙拉	土豆500克、熟肉200克、各种蔬菜300克，沙拉酱100克，绿茶粉两汤匙。	土豆蒸熟、剥皮，与熟肉、蔬菜一起捣碎，加沙拉酱，撒上茶粉。
毛尖滚毛豆	毛豆角500克、盐25克、白糖10克、味精2克、毛尖茶20克。	毛豆剪去尖角，洗净，入冷水锅，旺火烧开，改中火煮熟烂。入盐、白糖、味精。毛尖和水300克煮沸，稍滚后离火，浇在毛豆角上即可。
碧螺腌香螺	香螺500克、盐150克、糯米饭、红油、碧螺春茶30克	清明时选香螺择净，与盐拌后腌渍2小时，加入适量的糯米饭、红油、水、茶叶，拌匀后装入小口罐里，严密封口，待伏季过后即可取出食用。

②热菜。

龙井虾仁：河虾仁160克、龙井茶3克、鸡蛋1个，淀粉、黄酒、盐适量。河虾去壳，用清水反复清洗至雪白，沥干水分。加盐、蛋清、生粉，用筷子搅拌至有黏性，腌制1小时。茶用150毫升开水泡开，备用。起油锅，至油六七成熟时，放入虾仁，滑开虾仁，变色后盛出，沥油。锅内留少量油，将虾仁倒入锅中，迅速倒入茶叶和茶汁，加入适量黄酒，颠炒几下，出锅即成。

龙井虾仁
扫一扫，了解更多吃的科学

龙井虾仁

龙井蛤蜊汤：蛤蜊250克、龙井茶10克。龙井茶用温水泡开。蛤蜊加姜、黄酒等调料入汤锅，用少量水煮开片刻，待蛤蜊张开时，倒入龙井茶，再烧开即可。

铁观音炖鸭：嫩鸭1只、铁观音35克，葱、姜、糖、酱油、盐适量。铁观音茶泡开后备用。鸭子洗净，去头、颈、爪，断肋，下冷水锅，加入葱、姜等调料，大火烧沸。将茶叶塞入鸭腹，再加入香油、盐和味精等调料，炖熟入味。此法还可用于炖鸡。

铁观音炖鸭

童子敬观音：童子鸡1只（约700克）、黄瓜片30克、铁观音25克、糖10克、八角2个、小茴香2克、桂皮1克、盐7克。取80℃的热水1 000克冲泡铁观音，并放入糖、八角、小茴香、桂皮、盐，调匀备用。童子鸡宰杀、放学、褪毛、去内脏，洗净，用90℃的水小火浸熟25分钟至断生、取出。放入调好味的铁观音茶汁中浸泡12小时，取出剁块，用黄瓜片点缀即可。

六堡茶香鸭：鸭子1只（约1 500克）、六堡茶200克，西红柿、生抽、桂皮、八角、盐、白糖、酱油、味精适量。鸭子洗净，用各种调料腌制30分钟，入笼蒸2小时。把六堡茶用文火炒至起烟，再把鸭子放在茶叶上，加姜、水煸至鸭吸茶香后，再将鸭放入油锅中炸至表皮金黄时捞出，切块，入碟，周围摆上西红柿即可。

黑茶红烧肉：五花肉洗净、焯水、切块。起油锅，葱、姜、蒜爆出香味，放入五花肉一起翻炒。加入冰糖、黑茶，继续翻炒。加适量水，盖锅盖，大火煮。加适量老抽、盐，翻炒后撒葱花、滴麻油，出锅装盘，加香菜点缀。

黑茶红烧肉

红茶牛肉：牛肉1 000克、袋泡红茶2包、葱2段、姜4片、八角1个、香叶1片、丁香1粒、茴香1小匙、花椒10个、干辣椒2个，白胡椒粉、生抽、老抽、盐、红酒适量。牛肉切块，焯水、去浮沫。红茶用500毫升开水泡开备用。各种香料煸出香味，倒入牛肉块，淋上红酒。将肉中的水分充分煸炒出来，倒入泡好的红茶汤并加入开水，没过牛肉。加老抽、生抽、白胡椒粉，大火开锅后盖上锅盖，转中小火。1小时后，大火收汤汁，加盐等调味料，出锅即可。

红茶牛肉
扫一扫，了解更多吃的科学

红茶鸡丁：鸡胸肉400克、红辣椒1根、红茶10克，黄酒、淀粉、酱油适量。鸡肉切丁，用酱油、黄酒、淀粉捏浆。红茶用沸水泡开。将泡开的红茶与红辣椒同下油锅，爆香盛出。鸡肉用旺火爆炒，七分熟时入红茶、红椒，再放少许糖，后用

红茶鸡丁

茶汤加淀粉勾芡即成。

③甜品点心。

茶香莲子羹：银耳10克、莲子30克、绿茶5克，冰糖适量。银耳去蒂、切碎、泡发。绿茶用开水冲泡，取茶汁待用。锅中加水，放入银耳、莲子，大火先煮30分钟后，转小火煮15分钟。倒入茶汁，放入适量冰糖煮开即可。

绿茶芝麻饼：面粉500克、绿茶粉50克、绵白糖200克、色拉油约150克，芋泥、芝麻适量。面粉在桌上摊成圆圈，圈中倒入绿茶粉、绵白糖、色拉油，沿着同一方向将所有原料和匀，轻轻抓搓成面团，分剂擀成圆饼，每个约20克。用刮刀将芋泥包进饼皮，收口捏紧。模子刷油，放入带馅料的面团，压扁。倒扣，在饼的四周滚上芝麻。放入温油中，煎3～5分钟后即可。也可放入烤箱，200℃烤制10分钟。

绿茶芝麻饼

抹茶戚风蛋糕：鸡蛋3个、细砂糖60克、色拉油30毫升、抹茶粉6克、低筋面粉60克。将鸡蛋的蛋黄、蛋白分开，分别放在两个无油、无水的干净碗中。抹茶粉过筛，与25毫升开水混合，充分搅拌至抹茶粉完全溶解，放凉待用。蛋黄中加入20克糖，搅拌至细砂糖完全融化（不要打发）；加入30毫升色拉油，搅拌至完全均匀；再加入40毫升水、抹茶液，搅拌至完全均匀；加入过筛的低筋面粉60克，搅拌均匀至无颗粒的柔滑状态。蛋白用电动打蛋器高速打发，分次加入细砂糖（合计40克），直至勾起蛋白糖霜时能形成较大弯钩。取1/3蛋白糖霜加入面糊中，用刮刀擦底翻拌均匀，加入剩余蛋白糖霜，翻拌均匀，倒入防粘烤盘中，抹平表面，在桌子上震几下除去内部的大气泡。放入预热的烤箱（190℃）中层烤12分钟，取出，慢慢冷却即可。

抹茶戚风蛋糕

2．茶药宜忌

茶叶既是一种饮品，也是一味中药。中国古代多本医学著作都对茶的药用价值进行了明确记述。如东汉名医张仲景所著的《伤寒杂病论》中提到“茶治便脓血”；唐代《本草拾遗》则说“诸药为各病之药，茶为万病之药”；明代《本草纲目》对茶性设有专论，并记载了茶疗方十余个。现代科学证实，茶富含茶多酚、生物碱、茶氨酸、多糖等具有生理活性的成分。这些成分可与多种药物或元素发生相互作用，对药物或元素的吸收、代谢、活性产生影响。因此，了解不同药物与茶的宜忌关系十分有意义。

（1）相宜药材

中国古代人民通过千百年来的实践，认识到茶叶对多种疾病具有防治功效，开发了茶疗方子。这些茶疗方子多为复方，将茶与其他中药配伍，来达到养生保健、防病疗疾的目的。中国茶疗早已有之，从宋代起发展迅速，使用方法包括饮服、调服、和服、顿服、噙服、含漱、调敷、擦、搽、涂、熏、洗、抹、浴等方法。《广雅》《太平圣惠方》《圣济总录》《普济方》《本草纲目》《慈禧光绪医方选议》等医书中对茶疗方子都有记载。能与茶配伍成为方剂的药材，一般被认为是与茶是相宜的。下面仅介绍一些经典的茶疗方试用，如果无效，则应去医院治疗。

①治疗风寒。

五神茶：荆芥、苏叶、生姜各10克，茶6克，红糖30克。先将前四味加水适量，文火煮10～15分钟，放入红糖溶化后饮服。适用于感冒、畏寒、身痛无汗者。

苏羌茶：紫苏叶、羌活、茶叶各9克，研磨成粗末，用沸水冲泡，每日1次，不拘时温服。适用于风寒感冒，恶寒发热、无汗、肢体酸痛。

②治疗咽喉炎。

菊花茶：鲜茶叶、鲜菊花各等分（如各30克），剪碎，捣汁，用30～60毫升凉开水冲和，即可。每日1剂，不拘时冷饮之。清热消肿、利咽止痛，适用于急慢性咽喉炎，咽喉肿痛、刺痒不适等。

丝瓜茶：丝瓜200克、茶叶5克、食盐少许。丝瓜洗净切片，加食盐少许，加适量水煮熟。茶叶以沸水冲泡5分钟后取汁，倒入丝瓜汤内，即可。每日1剂，不拘时饮服。清热解毒、利咽，适用于急慢性咽喉炎，喉痒不舒，扁桃腺炎、支气管炎、咳嗽等。

③治疗咳嗽。

清气化痰茶：百药煎30克、茶30克、荆芥穗15克、海螵蛸3克。上述药材研磨成细粉，每次取3克、加适量蜂蜜，沸水泡饮。清肺化痰、止咳。适用于咳嗽气急，痰多，或久咳不止，咳痰不爽等。

萝卜茶：白萝卜100克、茶叶5克，食盐少许。茶叶用沸水冲泡5分钟，取汁；白萝卜洗净，切片，置锅中煮烂，加食盐调味，倒入茶汁即可。每日2剂，不拘时温服。清热化痰，理气开胃。适用于咳嗽痰多，纳食不香等。

④降血压。

菊槐茶：菊花、槐花、绿茶各3克。沸水冲泡，密盖浸泡5分钟，即可。每日1剂，频服代茶饮。平肝祛风，清火降压。适用于高血压头痛、头胀、眩晕。

天麻茶：天麻6克、绿茶3克，蜂蜜适量。先将天麻加水一大碗，煎沸20分钟，加入绿茶，少沸片刻，即可。取汁，调入蜂蜜。每日1剂，分2次温服，并可嚼食天麻。平肝潜阳，疏风止痛。适用于高血压、头疼、头晕。

⑤降脂减肥。

柿叶山楂茶：柿叶10克、山楂12克、茶叶3克。沸水浸泡15分钟，即可。每日1剂，不拘时频饮。活血化淤，降脂降压。适用于防治冠心病、高脂血症、高血压。

乌龙减肥茶：乌龙茶10克、槐角18克、首乌30克、冬瓜皮18克、山楂肉15克。先将槐角、首乌、冬瓜皮、山楂肉四味加水煎沸20分钟，取药汁冲泡乌龙茶，即成。每日1剂，不拘时饮服。消脂减肥，适用于肥胖症及高脂血症。

⑥调理肠胃。

麦芽茶：炒麦芽30克、乌龙茶8克。用沸水冲泡10分钟，每日1剂，代茶温服。主治小儿痢疾、腹泻。哺乳期妇女忌用。

大黄绿茶饮：大黄5克、白糖10克、绿茶5克。大黄片加醋喷匀，微火炒至稍变色即可。上述3味加开水150毫升，浸泡5分钟，温时分3次服饮行瘀泻下，解痉止血。适用于大便秘结。

⑦治疗皮肤病。

明矾皮炎茶（外用）：茶叶60克、明矾60克。用500毫升水将茶叶与明矾浸泡30分钟，然后煎煮30分钟，即可。外用，患区浸泡10分钟、自然干燥。清热消炎、收敛燥湿、杀虫解毒，用于预防和治疗“稻田皮炎”。

老茶叶散（外用）：粗老茶叶适量、绿茶适量。将粗老茶叶研末，再以绿茶煎汁或泡汁，并取浓茶汁将粗老茶末调成稠状，即可。外用，每次2～3次，调敷于患处，以干换之。清热解毒、消炎止痛，适用于治疗带状疱疹（俗称“蛇缠疮”）。

⑧治疗食滞。

化食茶：红茶500克、白砂糖500克。红茶加水煎煮。每过20分钟取煎汁1次，加水再煎，共取煎汁4次。合并煎汁，小火煎煮浓缩，至煎液较浓时，加白砂糖调匀。再煎熬至用铲挑起时呈丝状而不黏手时，熄火，趁热倒在表面涂过食油的盆中，待稍冷，分割成块状。每日3次，每次1～2块，饭后含食，或用开水嚼化送服。化食消滞，适用于消化不良、胃胀等症。

米茶：大米100克、茶叶6克。将大米淘净，放入锅内加水适量；再将茶叶用沸水冲泡6分钟，取茶汁倒入锅内与大米共煮成粥，即可。每日1次，温服。适用于消化不良。

（2）相忌药物

虽然茶能与一些药材配伍成方，但是更多时候，茶会对其他药物产生不良影响。在使用与茶相忌的药物期间，不能饮茶或应错开时间（至少间隔2小时）。

①受多酚类物质影响的药物。

A．含金属离子的药物。茶叶多酚类物质与多数金属离子（如Fe^{2+}、Fe^{3+}、Ca^{2+}、Co^{2+}、Al^{3+}）可发生络合反应，部分多酚-金属络合物以沉淀形式出现。这不仅会导致药效下降，还可能刺激胃肠道，造成胃肠不适（如腹绞痛、腹泻或便秘）。因此，在服用含金属离子的药物时，不能饮茶。

常见的含金属离子药物有补铁剂、补钙剂、含钴药物（如维生素B_{12}、甲钴胺片）、含铋药物（如丽珠得乐）、含铝药物（如胃舒平）。

铁是人体必需元素之一，是血红蛋白的重要组成成分。缺铁会导致小细胞低色素性贫血。茶叶中的多酚类物质能与铁离子形成不溶性沉淀物，也能与亚铁离子发生络合反应，从而降低铁剂中铁元素的人体吸收率，使补铁剂的效果大打折扣。

钙是人体内含量最多的矿质元素之一，它既是骨骼、牙齿的主要无机成分，也在神经传递、肌肉收缩、血液凝结、激素释放和乳汁分泌等生理过程中发挥关键作用。研究表明，多酚类物质会与钙离子发生络合反应，致使补钙剂中钙元素的生物利用率降低。

维生素B_{12}又名钴胺素，可参与叶酸在细胞内的转移和贮存，提高叶酸利用率，防治叶酸缺乏症；可维护神经髓鞘的代谢与功能，防止周围神经炎；可促进红细胞的发育和成熟，使肌体造血机能处于正常状态，预防恶性贫血；可促进碳水化合物、脂肪和蛋白质的代谢，对婴幼儿的生长发育有重要作用。多酚类物质会与维生素B_{12}发生络合反应，抑制维生素B_{12}在肠道内的吸收。

氢氧化铝是典型且常用的抗酸药，其抗酸作用缓慢而持久。氢氧化铝可以与胃酸反应，消耗部分胃酸，使胃酸过多的状况得以缓解，形成的氯化铝具有收敛作用，可达到局部止血的目的；同时氢氧化铝还可与胃液混合形成凝胶，覆盖在溃疡表面形成保护膜，起机械保护作用。多酚类物质不但会与铝离子发生络合，还会妨碍氢氧化铝保护膜的形成，因此在服用含有氢氧化铝成分的抗酸药时，不能饮茶。

B．蛋白多肽类药物。多酚类物质具有强烈的沉淀蛋白作用，会使蛋白、多肽类药物失去活性。因此，在服用蛋白多肽类药物（如胃蛋白酶片、多酶片、口服型胰岛素）时，不能饮茶。

C．抗生素。茶多酚在肠道内可能会对罗红霉素、阿奇霉素、红霉素、强力霉素、氯霉素、先锋霉素等抗生素发生络合或吸附反应，影响这些药物的吸收和活性。

D．生物碱。茶多酚可与黄连素、麻黄素、番木鳖碱、金鸡纳碱等生物碱会发生沉淀反应，降低药效。

E．强心苷类。茶多酚能与地高辛、洋地黄毒苷、人参皂苷等强心苷类药物反应形成不溶性物质，使得药物难以吸收，影响药效。

F．其他。茶多酚与氯丙嗪、维生素B_1、氨基比林、阿司匹林等药物也会发生沉淀或吸附作用，降低这些药物的生物利用率。

②受咖啡碱影响的药物。

A．镇静剂。咖啡碱是中枢神经兴奋剂，会与镇静剂发生拮抗作用。因此，在服用各种镇静剂时不能饮茶。

B．喹诺酮类药物。喹诺酮类药物（如环丙沙星、氧氟沙星）与咖啡碱均含有甲基黄嘌呤结构，代谢途径相似。当两者共存时，咖啡碱会使喹诺酮类药物代谢速度减慢，导致血药浓度上升、半衰期延长。

C．单胺氧化酶抑制剂。咖啡碱会抑制细胞中磷酸二酯酶活性，抑制环磷腺苷（cAMP）的分解。而某些单胺氧化酶抑制剂（如异唑肼、呋喃唑酮、苯乙肼）主要通过促进cAMP合成发挥作用。两者合用时，会使药效增强，易导致高血压等副作用。

D．腺苷增强剂。咖啡碱能够与腺苷竞争性结合腺苷受体，抑制腺苷发挥作用。因此在服用腺苷增强剂（如腺苷类药物三磷酸腺苷、腺苷降解抑制剂海索苯啶）时不能饮茶。

E．细胞色素氧化酶P450抑制剂。咖啡碱在体内的代谢主要是由肝脏中的细胞色素氧化酶P450（特别是1A2同工酶）负责的。咖啡碱最初在肝脏中被分解为副黄嘌呤、可可碱和茶碱，这三种物质经过进一步代谢，最终通过尿液排出。抑制细胞色素氧化酶P450活性会阻断咖啡碱在体内的代谢，使咖啡碱长时间以原药形式存在于体内，可能导致机体出现持续兴奋的状况。因此，当服用具有抑制细胞色素氧化酶P450活性的药物（如延胡索乙素、西咪替丁）时，应当注意不能饮茶。

（3）不宜喝茶的特殊人群

①神经衰弱患者慎饮茶。茶叶中的咖啡碱有兴奋神经中枢的作用。神经衰弱患者如果过量饮茶，可能会加重病情。推荐神经衰弱患者喝脱咖啡碱茶或者低咖啡碱茶，饮茶时间也应有所控制，在上午喝或者在下午5点前喝。

②缺铁性贫血患者忌饮茶。茶叶中的多酚类物质可与与铁结合成不溶性的物质，降低人体对铁的吸收率，加剧人体缺铁状况。

③心脏病患者忌饮茶。茶叶中的咖啡碱、茶碱等物质会对心脏节律产生影响，因此患有心动过速、早搏、房颤、心率不齐、甲状腺功能亢进、冠心病等疾病的患者不能饮茶。

④消化道溃疡患者忌饮茶。活动性胃溃疡、十二指肠溃疡患者不宜饮茶，尤其不要空腹饮茶。茶叶中的多酚类物质、咖啡碱属于刺激性物质，与溃疡创面直接接触会引起疼痛等不适感。另外，茶多酚对一些治疗溃疡的常用药（如抗酸药氢氧化铝）有拮抗作用，而咖啡碱等生物碱则能促进胃酸分泌。因此，消化道溃疡患者饮茶后可能会出现病情加重的状况。

⑤经、孕、产、哺乳期妇女。女性由于生理原因，一生当中会经历很多特殊时期，如经期、孕产期、哺乳期。处于这些特殊时期的女性最好少饮茶或只饮淡茶。

因为茶叶中的茶多酚与亚铁离子会发生络合反应，使亚铁离子失去活性，不能被用于合成血红蛋白。在经期、孕产期频繁饮茶可能会导致女性

贫血。对于哺乳期的妇女来说，摄入高剂量的茶多酚会使得抑制乳腺分泌、减少产奶量。

茶叶中的咖啡碱对中枢神经系统和心血管有一定的刺激作用。这可能会导致处于经期的女性出现痛经或者痛经程度加剧，增加出血量或使经期延长；孕妇如果摄入了较多的咖啡碱，可能会增加心、肾负担，并出现尿频、胎动频繁、胎动幅度增大的症状。咖啡碱会降低胎盘绒毛膜血流显著减少，影响胎儿发育。此外，咖啡碱还可通过胎盘进入胎儿体内，影响胎儿肝脏发育，对咖啡碱的代谢能力很低。长期接触咖啡碱会对胎儿发育产生不良影响；哺乳期妇女同样不能摄入高剂量咖啡碱。因为咖啡碱能通过乳汁进入婴儿体内，使婴儿兴奋过度（如少眠、多啼哭）或者发生肠痉挛。

(4) 饮茶应注意的问题

科学饮茶，除了需要关注前面列出的几点（如根据体质、季节择茶、合理搭配食药材），还需注意一些细节。

①注意饮茶时间。

A．忌空腹（饭前）饮茶。茶叶具有降血糖作用，空腹饮茶可能会造成血糖过低，使人出现头晕眼花等症。另外，空腹饮茶会提高茶叶中咖啡碱、茶碱等生物碱的生物利用率，使血液中这些物质的浓度在短时间内快速上升，导致心悸、发抖、头晕、四肢无力等症状（俗称“茶醉”），应立即加食含糖量较高的食品，以缓解茶醉症状。如经常发生茶醉，建议就医咨询。

B．忌饭后立即大量饮茶。饭后（20分钟内）不宜大量饮茶。因为饭后大量饮茶会冲淡胃酸、抑制胃液分泌、影响蛋白质的消化吸收，严重时甚至引起胃黏膜炎。

C．忌睡前饮茶（尤其是咖啡碱含量高的茶）。睡眠不好或对咖啡碱过敏者，在睡前3小时内最好不要饮茶。茶叶中所含的咖啡碱、茶碱等物质具有兴奋中枢神经的作用。睡前饮茶可能会导致入睡困难、甚至失眠。

②注意饮茶温度。

A．忌饮冷茶。古人云“茶宜温热而饮，冷茶有滞寒、聚痰之弊”。也就是说现泡的茶适合在温热的时候喝，喝了冷茶容易导致体内寒气滞留、起痰。

B．忌饮烫茶。温度过高的茶水对人的舌头、咽喉、食道和胃刺激较强，严重时会造成烫伤。长期饮用温度过高的茶水，可能引起这些器官的损伤。最适宜的茶水饮用温度为25～50℃。

③注意茶叶冲泡时间和次数。

A．忌长时间冲泡。茶叶中的抗氧化物质（如茶多酚、维生素C、维生素P）、类脂、香气成分等稳定性不强。久泡会导致这些物质氧化或者挥发，使茶汤色暗、味差、香低，感官品质严重下降，营养价值大大降低。此外，茶汤暴露在环境中的时间过长，易滋生细菌、真菌，微生物数量可能超标。

B．忌冲泡次数过多。细嫩茶叶（如特级龙井），采用3克茶、150毫升热水的泡法，5分钟后约85%的水溶物（如茶多酚、氨基酸）浸出，10分钟几乎可达100%。古曰“一汁苦、二汁甜、三汁戒罪过”，因此一般茶泡2～3次为宜。如果继续冲泡，则会使茶叶中的某些有害成分或不利茶味成分被浸出，使茶汤不仅滋味淡薄，还可能不利于身体健康。

④注意存放中的茶性变化。

A．忌新茶急饮。新茶中存在一些不稳定、易挥发的香气成分，需经过一段时间的存放后才能形成相对稳定的香气特征。此外，新茶“火气”较足，立马饮用可能会使人上火。因此新茶宜放置一段时间后再喝。所以，茶叶“抢早、抢新”不一定很合宜。特别是对一些肠胃不好的人，一定切

忌急饮新茶。

B．忌饮串味茶。茶叶具有较强的吸附周边异味的能力，吸附了甲醛等有毒气体的茶叶不能饮用。

C．忌饮变质茶。茶容易吸潮。超过一定水分，茶叶易霉变，会含有大量病菌和有毒有害物质，变质的茶绝对不能饮用。

四、热知识、冷知识

1．茶树的学名是什么

1753年出版的《植物种志》中，瑞典科学家林奈（Carolus von Linne），将茶树的学名定为*Thea sinensis* L.，后又定为*Camellia sinensis* L.，“*sinensis*”，在拉丁文中即为“中国”的意思。在植物分类系统中，茶树属被子植物门（Angiospermae），双子叶植物纲（Dicotyledoneae），山茶目（Theales），山茶科（Theaceae），山茶属（*Camellia*）。1950年钱崇澍根据国际命名和茶树性状的研究，确定茶树的学名为（*Camellia sinensis* (L.) O. Kuntze)，迄今为止未有更改。

2．茶的别名有哪些

唐陆羽《茶经》中称：“茶，其名一曰茶，二曰槚，三曰蔎，四曰茗，五曰荈。”说明“槚”“蔎”“茗”“荈”指的都是茶。在唐以前，对茶的称呼虽然很多，但用得最普遍、影响最深的是“荼”字。另外，在古文献和古诗词中，提到的茶的别名还有“水厄”“皋芦”“瓜芦”“诧”“姹”“选”“物罗”“过罗”，以及“不夜侯”“清友”“馀甘子”等，如古蜀时将茶称为“葭萌”。

3．世界上有哪些国家产茶

茶树原产于中国，由中国西南部地区向世界各地传播。从北纬49°到南纬33°，目前全世界已有50多个国家和地区产茶，主要集中在亚洲、非洲和拉丁美洲，大洋洲和欧洲产茶较少。亚洲产茶国主要有中国、印度、斯里兰卡、日本、越南等；非洲有肯尼亚、马拉维、乌干达、莫桑比克、坦桑尼亚等；美洲有阿根廷、巴西、秘鲁、墨西哥、玻利维亚等；欧洲有俄罗斯、葡萄牙等。世界上产茶最多的国家是印度，其次是中国、肯尼亚、斯里兰卡、土耳其和印度尼西亚。除肯尼亚外，都是亚洲国家，可见茶叶主要产在亚洲。据统计，亚洲的茶叶产量约占世界茶叶产量的80%。主产红茶的国家有印度、斯里兰卡、肯尼亚、土耳其、印度尼西亚等国；主产绿茶的国家有中国、日本、越南等国。近年来，印度尼西亚、印度、斯里兰卡等国也开始仿制中国绿茶。乌龙茶主要产在中国的福建、广东和台湾。

4. 茶树的起源中心在哪里

茶树的起源中心说法很多。首先，按照植物学分类系统，茶树属于山茶科（Theaceae）、山茶属（*Camellia*），山茶属下分成多个组，茶属于茶组（Section *Thea*）。按张宏达茶组植物分类系统，茶组植物分为34个种（包括4个变种），其中中国云南就有21个种、3个变种，占茶种总数的70%，可见，中国云南茶组植物的种最多，变型最丰富；其次，云南地理环境特殊，有寒、温、热三带，且地形复杂，历史上没有或很少发生过冰川侵袭，是许多古老植物的发源地。因此，结合茶树种质资源鉴定及中国云南地质变迁分析结果，可以认为，中国云南是茶树的地理起源中心。

5. 最早的茶学专著是什么

中国历史上最早的茶学专著为《茶经》，由唐代陆羽所撰，成书于公元758年前后。全书分3卷10节7 000多字。上卷3节："一之源""二之具""三之造"，论述了茶的起源、名称、品质、茶树形态特征、茶叶品质与土壤环境的关系、栽培方法，以及茶叶的用具、茶叶种类和采制方法。中卷1节："四之器"，介绍了28种烹茶、饮茶用具的名称、形状、用材、规格及器具对茶汤品质的影响。下卷6节："五之煮""六之饮""七之事""八之出""九之略""十之图"，介绍了烹茶的方法、各地水质的优劣、各地饮茶风俗、古今有关茶的故事及各地所产茶的优劣等。

陆羽茶经

《茶经》对唐代及唐以前的茶叶历史、产地、茶的功效、栽培、采制、饮用等知识作了系统阐述，是中国现存最早、最完整、最全面介绍茶的综合性著作，也是世界上第一部茶书，被誉为"茶叶百科全书"，现已被译为英、美、法、德、日、意、韩等多国文字，有近30种刊本（含译注、评释刊本），足见《茶经》流传之广，影响之深。

6. 什么是茶马古道

"茶马古道"一词，出现在20世纪80年代，由"茶马互市"一词演变而来。由于中国中原地区缺马，而回纥（蒙古）、吐蕃地区缺茶，唐代开始实施以茶换马的贸易政策，历史上称为“茶马互市”。随着贸易的发展，除了茶马交换之外，还有内地的丝绸、布匹、五金、百货等与边区的牛羊皮、羊毛、麝香等土特产进行易货贸易。这样就形成了一些通道，这些道路多源于“茶马互市”，以运输茶叶、马匹为主，故称为“茶马古道”。随着茶马互换贸易的兴盛，逐渐形成了一个庞大的茶马古道交通网络，仅进入西藏的古道，当时主要的就有3条，即“川藏茶马古道”“青藏茶马古道”“滇藏茶马古道”。若以成都为中心，茶马古道又分北古道和南古道。清代民国期间，普洱茶古道就有昆洛前路茶马道、滇西后路茶马道、思茅澜沧茶马道、思茅江城茶马道，以及普洱茶思茅通外茶马古道、佛海通外茶马古道等，至于县与县之间的茶马通道就数不胜数了。这些古道一两百千米到几百千米不等，马帮行程一般几天到十几二十天，一般中间都设有马站，供商人们休息所用。

茶马古道

7. 中国的野生大茶树主要分布在哪些区域

野生大茶树即非人工栽培的大茶树，它通常是在一定的自然条件下经过长期的演化和自然选择而生存下来的一类茶树。中国野生大茶树主要集结在北纬30°以南，尤以北纬24°附近居多，主要有5个集中分布区：滇、桂、黔大厂茶（*C. tachangensis*）分布区，滇东南厚轴茶（*C. crassicolumn*）分布区，滇西南、滇南大理茶（*C. taliensis*）分布区，滇、川、黔秃房茶（*C. gymnogyna*）分布区，以及粤、赣、湘苦茶分布区（*C. assamica* var.*kucha*）。

野生大茶树

8. 茶树有哪些生态类型

茶树在扩散和迁徙过程中，为了适应当地的环境条件，发生了各种变异，在长期的自然选择中，形成了6种主要的生态类型。

①低纬高海拔乔木大叶型。处于北纬23°以南，海拔800～2 500米的云南中南部地区，以云南勐库大叶茶、勐海大叶茶、景谷大白茶为代表。这一生态区是茶树的栽培起源中心，多为野生型大茶树。

②南亚热带（包括边缘热带）乔木大叶雨林型。处于北回归线以南，海拔550米以下地区，包括云南东南部和广西南部。以云南麻栗坡白毛茶、

广西防城大叶茶、博白大茶树为代表。这一区域西缘是茶树的地理起源中心，亦多野生型大茶树。

③南亚热带小乔木大叶型。分布于北纬24°至北纬26°，海拔300～1 000米地区，包括广西和广东中北部、湖南和江西南部。以广西龙胜大叶茶、广东乳源大叶茶、湖南汝城白毛茶为代表。

④中亚热带小乔木大中叶型。分布于北纬26°至北纬30°的长江以南，海拔800米以下地区。以湖北恩施大叶茶、湖南醴陵大叶茶、福建武夷水仙为代表。

⑤中亚热带灌木大中小叶型。分布于北纬30°至北纬32°的长江中下游南北，海拔300米以下地区。本区是茶树分布的南北过渡带，全年有4～5个月的休眠期。茶树形态多样性丰富，树型为灌木型，叶片有大中小叶之分，如湖北的兴山大叶茶，湖南安化中叶茶，江苏洞庭小叶茶。

⑥北亚热带和暖温带灌木中小叶型。位于北纬32°至北纬35°的长江以北、秦岭以南、大巴山以东至沿海一带，海拔200米以下地区，包括江苏、安徽、湖北北部，河南、陕西、甘肃南部。以安徽霍山种、河南信阳种、陕西紫阳种为代表。本区茶树全年有5个多月的休眠期。

9．茶树品种是如何分类的

中国茶树品种按其生物学特性和主要经济性状主要可以分为以下几类：

①按树型叶片大小可以分为乔木大叶、小乔木大叶、小乔木中叶、灌木大叶、灌木中小叶等。

②按发芽早迟，可分为特早生、早生、中生、晚生种等。

③按芽叶色泽，可分为绿芽、红芽、紫芽种等。

④按茶类适制性，可分为绿茶、红茶、红绿兼制、乌龙茶品种等。一

个栽培品种通常用树型、叶片、发芽期来表述，如福鼎大白茶为小乔木、中叶、早生种，毛蟹为灌木、中叶、中生种；福建水仙为小乔木、大叶、晚生种。

10. 什么是有机茶

有机茶是在茶叶生产过程中遵循自然规律和生态学原理，采用有益于生态和环境可持续发展的农业技术，不使用合成的农药、肥料及植物生长调节剂等物质，在加工过程中不使用合成的食品添加剂，经有机茶认证机构审查颁证的茶叶及相关产品。有机茶是中国第一个认证（颁证）出口的有机食品。2016年，通过中国有机产品国家标准认证的有机茶园面积（包括有机和有机转换）约8万公顷，鲜叶产量约14万吨。

有机茶园

11. 为什么说“高山出好茶”

“高山出好茶”是中国广大茶区流传的一句谚语，不过事实也是如此，中国不少风景秀丽的高山地区，都盛产名茶，如黄山毛峰、庐山云雾、雁荡毛峰、蒙顶甘露等。高山为什么能出好茶？其原因有以下几个方面：一是因为海拔高度每上升100米，气温相应降低0.5℃左右，茶叶中的含氮化合物（如氨基酸等）随着温度的降低，其合成量增加，而茶叶中的苦涩味物质（如咖啡碱等）则恰恰相反，所以随着海拔高度的升高，决定茶叶鲜爽味的氨基酸含量随之增加，而茶叶中的苦涩味物质则随之减少；二是因为高山地区昼夜温差大，茶树在白天合成积累的品质成分多，夜晚消耗少，特别是茶叶中的一些芳香物质合成积累较多，因此，高山茶往往香气较好；三是因为高山上云雾较多，漫射光多，有利于茶叶品质成分的合成，另外，云雾多的地方空气湿度较大，茶芽持嫩性好；四是因为高山地区树木较多，土壤有机质含量高，茶树有足够的营养保证，因此枝繁叶茂，芽叶肥嫩，制茶品质好。但因全年积温少，茶树有效生长期短，年产量低，彰显珍贵。

12. 炒青绿茶出现在何时

炒青绿茶

唐代刘禹锡（公元772—842年）《西山兰若试茶歌》中有“山僧后檐茶数丛，春来映竹抽新茸……斯须炒成满室香，便酌砌下金沙水……新芽连拳半未

舒，自摘至煎俄顷余”的诗句。从诗中“斯须炒成满室香”“自摘至煎俄顷余”，可以看出，采下的嫩芽叶，经过炒制，满室生香，而且炒制花费的时间不长，这是至今发现的关于炒青绿茶最早的文字记载。说明，虽然唐代时期以蒸青茶为主，但也萌发了炒青茶技术，因此可以说，自唐代就出现了炒青绿茶。

13．什么是“开面采”

“开面采”是乌龙茶鲜叶采摘的一种标准。为了形成乌龙茶特有的醇厚甘鲜的滋味和馥郁的花果香，制乌龙茶的鲜叶原料需要有丰富的内含物，因此，鲜叶需有一定的成熟度，并不是像名优绿茶和红茶一样采摘细嫩的鲜叶为原料，而是需待新梢停止生长，顶芽展开，驻芽出现时才开采，俗称“开面采”。根据“开面”大小可分为“小开面”“中开面”和“大开面”。“小开面”为新梢顶部一叶的面积相当于第二叶的1/2；“中开面”为新梢顶部第一叶面积相当于第二叶的2/3；“大开面”为新梢顶叶的面积相当于第二叶的面积。一般春、秋茶采用“中开面”采；夏暑茶适当嫩采，即“小开面”采；生长茂盛，持嫩性强的茶园，也可采用“小开面”采，采摘一芽三四叶。

大开面、中开面、小开面

14．什么是“绿叶红镶边”

“绿叶红镶边”是典型乌龙茶特有的品质特征，是指乌龙茶冲泡后叶片颜色有红有绿，发酵程度偏重的乌龙茶，其叶片呈三分红七分绿，叶片中间呈绿色，叶缘呈红色，俗称“绿叶红镶边”。这一品质特征的形成是由于乌龙茶加工工艺中有一道摇青工序，鲜叶在摇青时，叶缘细胞因碰撞而破裂，细胞中的多酚类物质被氧化而变成红色，而叶片中间的细胞没有破碎，保待原有的绿色，因此就形成了叶缘红而中间绿的品质特征。

绿叶红镶边

15．安吉白茶是白茶吗

安吉白茶产于浙江安吉，3月中下旬至4月中下旬，采摘白叶一号玉白色的一芽一叶初展至一芽三叶芽叶加工而成。其加工工艺为：鲜叶摊放→杀青→理条搓条→初烘→摊凉→焙干→整理，这一工艺流程属于绿茶加工工艺，因此安吉白茶属于绿茶类。之所以称其为“白茶”，是因为安吉白茶所选用的茶树品种

安吉白茶

白叶一号是一种温度敏感型突变体，当气温低于25℃时，叶绿体形成受抑制，芽叶仅有叶脉两侧呈绿色，其余部分呈玉白色，俗称“白化”；当气温高于25℃时，叶片逐渐返绿。因此，安吉白茶是一个商品名称，而不是茶叶分类中的白茶。

16．黄叶茶是黄茶吗

黄叶茶不属于传统意义上的黄茶，它是指以中黄1号（天台黄）、中黄2号（缙云黄）等茶树品种黄色鲜叶为原料，以绿茶加工工艺加工而成的茶叶，属于绿茶类。黄叶茶是一种芽叶黄化的品种，其茶树品种为从地方茶树资源中发现的黄化变异单株，经系统育种法育成的一种光照和温度敏感型变异新品种。该品种茶树仅在可见光直射部分，以及较低温度时芽叶呈黄色，而漫射光照射和生长在隐蔽处，以及高温下的芽叶会迅速转成绿色。鲜叶氨基酸含量特别高，可达7%左右，其中茶氨酸比例较高；水浸出物含

黄叶茶

量高，茶多酚和咖啡碱含量适中，所制成茶具有干茶黄亮、汤色鹅黄、叶底嫩黄的“三黄”特色，且香气清爽，滋味清鲜。黄叶茶最早产于浙江天台、缙云，目前重庆涪陵、四川广元、贵州黎平等地也都有生产。

17. 苦丁茶是真正的茶吗

苦丁茶（*Ilex kudingcha* C. J. Tseng）是冬青科冬青属苦丁茶种常绿乔木，俗称茶丁、富丁茶、皋卢茶。而真正的茶为山茶科山茶属茶种植物。因此苦丁茶不是真正的茶。中国苦丁茶主要分布在广东、福建等地，成品茶清香、味苦而后甘凉。苦丁茶含有苦丁皂苷、氨基酸、维生素C、多酚类、黄酮类、咖啡碱等200多种成分，具有清热消暑、生津止渴、明目益智、消炎镇疼、利尿强心、润喉止咳、降压降脂、抗衰老等多种功效，素有“保健茶”“减肥茶”“降压茶”“降脂茶”等美称。

18. 泡茶时茶汤表面经常会有泡沫，这些泡沫是什么

茶叶在冲泡时，茶汤表面经常会出现一些泡沫，不少茶友会认为这些是“不洁之物”，冲泡后会用壶盖或盖碗的盖子抹去，其实这是一种误解。对于茶叶冲泡后产生的泡沫，业界比较认同的原因有以下几点：其一，是因为茶叶中含有茶皂素，而茶皂素有很强的起泡能力，因此茶叶经冲泡后就会在茶汤表面形成一层泡沫，由于茶叶中茶皂素含量很低，所以对茶叶的色、香、味等品质不会产生影响，而且对人体也无害；其二，多毫品种所制成的茶叶，由于茶叶茸毫较多，在冲泡时也容易起泡；其三，茶叶中若夹带有较多的碎末、茶屑，冲泡时也会形成较多的泡沫；另外，冲泡花

茶时也会产生较多的泡沫，这是因为花中的芳香油类物质挥发被茶吸收而发泡。

19. 什么是红茶的“冷后浑”现象

红茶茶汤冷却后出现浅褐色或橙色乳状的浑浊现象，称为“冷后浑”。“冷后浑”是红茶质优的一个衡量指标。“冷后浑”的形成是因为红茶中含有茶多酚及其氧化产物茶黄素、茶红素和咖啡碱等物质，高温（100℃左右）时，这些化学成分各自呈游离状态，溶于热水，随着温度的降低，多酚类物质和咖啡碱就通过羟基和酮基间的H键络合形成大分子的络合物，当络合物粒径达10^{-3}～10^{-2}微米时，茶汤由清澈转为浑浊。随着络合反应的深入，粒径继续增大，便会产生凝聚作用，茶汤中出现乳状物。“冷后浑”的形成能力与茶汤中咖啡碱的浓度呈正相关。

红茶冷后浑

20. 泡茶时茶水比如何掌握

泡茶时的茶水比没有严格的标准，主要根据茶叶种类、茶具大小，以及消费者的饮用习惯而定。一般绿茶、红茶，茶与水的比例，掌握在1：50

左右，即3克干茶，加入沸水150毫升左右；乌龙茶和普洱茶，投茶量较多，一般150毫升水投茶5～8克；少数民族常喝砖茶以解油腻，茶汤浓度高，其分解油脂和助消化功能较好，因此，煎煮砖茶时，一般50克左右的砖茶，加水1 500～2 000毫升。

21．不同茶类对泡茶的水温有何要求

不同茶类适宜的泡茶水温不同，同一茶类不同等级的茶叶，其适宜的泡茶水温也不同。一般来说，泡茶水温与茶叶内含物质的浸出程度正相关。水温越高，浸出率越大，茶汤就越浓；水温越低，浸出率越小，茶汤就越淡。研究表明，以60℃的水泡茶有效物质浸出量只有100℃的水泡茶时的45%～65%。为了提高茶汤中水浸出物含量，使茶汤达到醇和的口感，水温宜稍高，但当水温达到70℃时，茶叶中的维生素C就会受到破坏，茶多酚和咖啡碱逐渐溶解出来，茶汤滋味会变的苦涩。因此，综合茶叶有效物质的浸出程度、营养物质的保留及茶汤的口感，泡茶水温一般掌握在70～90℃，同时又因茶类不同有所区别。冲泡芽叶细嫩的绿茶和黄茶，水温不能太高，一般用沸后冷至80～85℃的开水为宜。白茶以85～100℃为宜，其中白毫银针芽头细嫩，水温宜稍低，掌握在85～90℃；白牡丹以90～95℃为适合；芽叶较老的贡眉和寿眉则以95～100℃为宜。红茶、青茶（乌龙茶）、黑茶和花茶，泡茶水温宜高些，一般都用100℃的沸水冲泡。总之，泡茶时都须用开水，但以嫩茶宜温度较低，粗老茶宜温度较高为原则。

22．一杯茶冲泡多少次为适宜

一杯茶冲泡多少次为好，这虽然与人们主观上对茶汤浓淡的喜好度有

关，但客观上，茶叶的耐泡程度与原料嫩度和加工工艺直接相关。一般来说原料细嫩的名优绿茶冲泡2～3次为宜，原料成熟度相对较高的乌龙茶、黑茶可冲泡5～6次，若冲泡次数过多，就会影响茶叶的香气和滋味。另外，加工越细碎的，外形颗粒越小的茶叶，其有效成分越容易浸泡出来；外形越完整的茶叶，其有效成分冲泡出来的速度越慢。如加工时经过揉切的袋泡茶，在第1次冲泡时，就有80%～90%的有效物质浸出，因此袋泡茶最好只冲泡1次，这不仅从营养成分的角度来讲没有损失，而且也不会影响口感；而外形完整的散茶，一般第1次冲泡时浸出的有效物质为60%～80%，留在茶中的营养物质只剩20%～40%，第2次冲泡时就有80%～90%的有效物质浸出，留在茶中的营养物质只剩10%～20%，至第3次冲泡就有超过95%的有效成分浸出，留在茶中的营养物质仅剩5%，因此从营养成分的角度来讲，茶叶冲泡3次就足够了。这也是古人常说的“一汁苦，二汁甘，三汁戒罪过（弃之可惜之意）”。

23．每天饮多少茶为宜

茶叶具有许多有益人体健康的生理功效，但饮茶也不是“多多宜善”，必须适量。饮茶过量，尤其是过量饮用浓茶，对人体会产生使中枢神经过于兴奋，增加心、肾负担，影响睡眠，影响胃液分泌进而影响消化功能等不利之处。根据人体对茶叶中功能成分及水分的需求，一般普通的健康成年人，每天饮茶5～15克，泡茶用水的总量控制在400～1 500毫升。从事体力劳动、运动量大、食量大、以肉类为主食或烟酒量大的人，每天饮茶可以多一些；生活在高山、边疆、海岛等缺少蔬菜、瓜果地区的人，可以多饮茶，以弥补膳食中维生素含量的不足；而年迈体弱、脾胃虚寒、心动过速、精神衰弱者，一般少饮或不饮茶。

24. 天热时喝冷茶和热茶哪个更解渴、更能降温

每逢大热天，人们都喜欢喝茶以解渴、降温。一般都认为喝冷茶比热茶更解渴，更能降温，一杯冷茶下肚，会明显感觉到凉爽，但这只是一种短暂的效应。因为饮用冷茶其解热原理是用低温来抵消热量，而一杯冷茶所能抵消的热量是有限的，喝完后，低温刺激了人体中枢冷敏神经元，信息传递到体温调节中枢，因体温调节中枢得到冷的感知，则反射调节而使皮肤毛细血管收缩，汗毛孔封闭，汗液分泌减少，反而导致短暂凉爽后的闷热。相反，喝热茶的瞬间虽然热，但饮后，热刺激了人体中枢热敏神经元，信息传递到体温调节中枢，则神经反射调节，使皮肤毛孔迅速扩张，汗腺分泌增强，人体深部的热量随汗液带出体外，从而达到散热的作用。国外有人做过试验，大热天喝热茶，皮肤表面可降温2℃，所以喝热茶比喝冷茶更能降温解渴。

25. 饮“隔夜茶”会致癌吗

有相当长一段时间，总有人说饮“隔夜茶”要得癌，其实这是个误区。首先，何谓“隔夜茶”？这一说法本身存在时间概念上的含糊不清，如果今天晚上6点放置到明天早上6点的茶称为“隔夜茶”，那么今天早上6点放置到晚上6点的茶，同样为12个小时，算不算“隔夜茶”呢？这是误区之一。其次，人们普遍认为“隔夜茶”不能喝，原因是“隔夜茶”中含有仲胺（二级胺），会转变成致癌的亚硝胺，这是误区之二。大多数植物或其制品都含有仲胺，但仲胺本身并不致癌，需要在有硝酸盐的条件下，才能转化成亚硝胺，并且亚硝胺要达到一定浓度才有致癌作用。况且饮茶还可以使人体摄入较多的茶多酚和维生素C，这两种物质都是天然的

亚硝胺抑制剂，能有效阻止体内亚硝胺的合成，因此，饮“隔夜茶”不会致癌。但从饮食卫生的角度来看，茶叶冲泡时间过长，不仅茶汤中的营养成分会因氧化而逐渐降低，影响品质，而且放置时间过长，杯中还易积茶垢，也更容易滋生细菌等，导致茶汤变质，这种变质的茶汤就不能饮用了。

26．饮浓茶对身体有害吗

通常每日饮茶15克左右，每次用茶量为3～5克，加水150毫升，茶叶用量超过这个常规量的我们称之为浓茶。人们普遍认为饮浓茶会导致失眠、伤及脾胃等，对身体有害。究竟饮浓茶是不是真的不利于人体健康？长期的茶疗实践证明，饮茶有清热解毒、强心利尿、润肺化痰等诸多功效。饮浓茶则因人而宜，对于特定人群，饮浓茶有其特有的功效。如对于长期吸烟，有湿热症的人群，饮浓茶可以清热解毒；对于小便不利的人，饮浓茶可以通尿；对于口腔溃疡、咽喉肿痛者，饮浓茶有助于杀菌消炎；对于饮食油腻者，饮浓茶可以消食去腻等。但对于神经衰弱、心动过速、胃寒、胃溃疡者不宜饮浓茶，否则会加剧病情；儿童、孕妇、易失眠者，不宜饮浓茶，因为茶叶中的咖啡碱有很强的兴奋中枢神经的功能，使人亢奋，难以入睡，影响睡眠，对于儿童和胎儿会进而影响其生长发育。同时，茶叶中的多酚类物质会引起消化道黏膜收缩，影响营养物质的吸收，严重时会使小孩消化不良、身体消瘦；食用高蛋白食物后不宜饮浓茶，因为茶叶中的多酚类物质会与食物中的蛋白结合，形成凝块而在胃中积聚，从而引起胃部不适，严重时还会出现恶心、呕吐、腹痛等症状。因此，饮浓茶是否对身体有害不能一概而论，要因人因时、因具体情况而定。

27．可以用茶水服药吗

茶叶具有保健功能，许多中药方剂中就含有茶。但茶中的多酚类物质等会与某些药物成分结合，从而影响药物的治疗效果。因此，大多数药物都不能用茶水服用。药物种类繁多，性质各异，也不能一概认为用茶水服药都不好。如用茶水服用维生素类药物时，能促进人体对这些药物的吸收，因此用茶水服用，有益无害。不宜与茶水同服的药物有：含重金属成分药物，如硫酸亚铁、碳酸亚铁等含铁剂及氢氧化铝等含铝的西药；酶制剂，如胃蛋白酶、胰酶片、多酶片、溶菌酶等；生物碱制剂，如盐酸麻黄素、黄连素、磷酸可待因、阿托品等；单胺氧化酶抑制剂，如痢特灵、苯乙肼、甲基苄肼、闷可乐、优降宁，少量饮茶可致失眠，大量饮茶可使血压升高；镇静催眠药，如鲁米那、速可眠、三溴片、安定；抗组胺药，如苯海拉明；镇咳药，如咳必清以及中药贝母、知母、酸枣仁等；含碳酸氢钠药物，如苏打片、大黄苏打片、健胃片、小儿消食片等，茶中的多酚类物质可使药物有效成分中和及分解，降低药效；有些滋补药如人参，中草药如麻黄、黄连、钩藤、黄芩、大蓟、元胡等也不能和茶水混饮。

28．饭前饭后能饮茶吗

很多人喜欢在饭前或饭后泡一杯茶，其实从科学的角度来看对人体健康都是不利的，饭前饭后都不宜饮茶。饭前饮茶，会冲淡唾液，同时影响胃液分泌，使人饮食时感到无味，而且还会影响食物的消化与吸收。饭后不宜立即饮茶，一方面茶叶中的茶多酚会与食物中的铁元素发生反应，生成难以溶解的物质，肠道膜难以吸收，长期以往会使人体缺铁，甚至诱发贫血症；另一方面，茶多酚还会使食物中的蛋白质发生凝固，从而影响人体对蛋白质等的吸收。因此，最好是饭前半小时不饮茶，饭后1小时以后再饮茶。

29．什么是茶疗

茶疗是指以茶为单方或以茶配伍适量的中药组成复方，经内服或外用，以治疗疾病、养生保健的一种方法。单味茶叶称为狭义茶疗，复方茶叶称为广义茶疗。自古以来，中国民间就有将茶作为药用的习俗，而最早将茶作为药用的例子就是传说中的神农以茶解毒的故事。三国魏时张揖的《广雅》记载:“荆巴间采茶作饼，叶老者饼成，以米膏出之，欲煮茗饮，先炙，令赤色，捣末置瓷器中，以汤浇覆之，用葱、姜、橘子芼之，其饮醒酒，令人不眠。”这是中国对茶的药用方剂的最早文字记载。中国古代及现代医书中，有关茶疗的方法众多，根据剂型分，可分为汤剂、散剂、丸剂、冲剂等；从功效看，有益气养精、清咽润喉、治失眠、治神经衰弱、治高血压、活血化淤等20多种。可以说，茶疗是根植于中医药文化与茶文化基础之上的一种养生方式，它同时具备了中药与茶的治疗养生功效，具有实效性、安全性、享受性及便捷性四大优点。

30．饮茶能减肥吗

茶叶中含有咖啡碱、黄烷醇类、维生素类等物质，能帮助消化，促进脂肪氧化和分解，因此，多喝茶能减少人体内多余的脂肪，对减肥是有帮助的。中国西北地

区的少数民族长年食用牛羊肉和奶酪等高脂食品，他们经常饮用茯砖茶以解油腻，因此有“宁可三日无粮，不可一日无茶”的说法。根据实践经验，饮用乌龙茶及沱茶、普洱茶等，降脂减肥效果更好。临床研究表明，常饮沱茶，对40～50岁的人群，有明显的减轻体重的效果，对其他年龄段的人群也有不同程度的减重效果。

茶疗

31. 茶叶中的铅会危害人体健康吗

茶树和其他植物一样，会从土壤和大气中吸收和累积铅，从而具有一定的铅含量，但相对于其他植物，茶树的含铅量处于中等水平，中国茶叶铅含量基本在2毫克/千克以下。铅为重金属，难溶于水，因此茶叶中铅的含量与茶汤中的铅含量是不能等同的。研究表明，茶叶中的铅在泡茶时其浸出率仅为3%～5%，若按茶叶中铅含量2毫克/千克，每天饮茶15克，铅的浸出率以最大量5%计，则每天通过饮茶摄入的铅为1.5微克，远低于联合国粮农组织和世界卫生组织联合法典委员会推荐的人体可耐受铅摄入量（PTWIs）的214微克/人·天。因此，虽然茶叶有一定的铅含量，但饮茶不是吃茶渣，而是经冲泡后饮用茶水，而茶叶中的铅因在茶汤中浸出率极低，所以认为不会被人体摄入或摄入量极低。此外，茶叶中含有20%～30%的茶多酚，实验表明，茶多酚能络合许多重金属，茶叶中微量的铅经茶多酚络合后，基本不会被人体所吸收，只要饮法得当，饮茶是绝对安全的。

32. 茶叶中的γ－氨基丁酸有什么保健功效

γ－氨基丁酸由谷氨酸脱羧而成，属于非蛋白质氨基酸，一般在绿茶茶汤中的含量为0.1%～0.2%。γ－氨基丁酸对人体有许多保健功效，主要有降血压、降低胆固醇、改善脑机能、增强记忆力、改善视觉、调节激素分泌、解除氨毒、增进肝功能、活化肾功能、改善更年期综合征等。

33. 茶叶中的咖啡碱有哪些生理功效？过量摄入对人体有害吗

咖啡碱属于甲基黄嘌呤类生物碱，是茶叶中最主要的生物碱，其含量一般为干茶的2%～4%，绿茶中咖啡碱含量低于红茶。咖啡碱的功效极为广泛，适量的咖啡碱能刺激大脑皮层、促进记忆、使心肌能变得活跃、增强血液循环、提高新陈代谢功能、杀灭细菌和病毒、提高肌体免疫力、减轻肌肉疲劳、促进消化、利尿、解酒毒、抗癌变、抗过敏等。但咖啡碱是一种中枢神经系统兴奋剂，也是一种新陈代谢的刺激剂，过量摄入会对人体健康造成危害，主要表现在导致过度兴奋、产生焦虑症和睡眠失调。因此，在饮茶时应注意，临睡前不饮茶，特别是不饮浓茶。对于严重心脏病患者和精神衰弱者，避免饮浓茶，以免加重心脏的负担。

34．茶叶中的芳香物质有哪些

茶叶芳香物质是茶叶中挥发性物质的总称。不同芳香物质以不同浓度组合，并综合作用于嗅觉神经，最终形成了茶叶特有的香型。茶叶中芳香物质的含量不高，鲜叶中为0.02%左右，绿茶中0.005%～0.02%，红茶中0.01%～0.03%。虽然茶叶中芳香物质含量不高，但其种类却很复杂，目前已分离鉴定的芳香物质有700种左右，归属于碳氢化合物、醇类、醛类、酮类、酯类和内酯类、酸类、酚类、杂氧化合物、含氮化合物及含硫化合物等几大类。茶叶中的芳香物质对人体也有保健功效，其中醇类有杀菌的作用；酚类有杀菌、兴奋中枢神经和镇痛的作用，对皮肤还有刺激和麻醉的作用；醛类和酸类均有抑杀霉菌和细菌，以及祛痰的功能；酯类可消炎镇痛、治疗痛风，并促进糖代谢等。

35．用茶水漱口为什么能防龋齿

龋齿是一种常见的口腔疾病，中国20世纪80年代的调查数据显示，城市居民恒牙的龋齿率为41%，农村为28%。龋齿的形成主要是由口腔中的变形链球菌引起的，变形链球菌会黏附在牙齿表面，形成牙菌斑，菌斑中的细菌能使口腔中的碳水化合物发酵形成酸，使牙齿受到侵蚀，进而形成蛀牙。而用茶水漱口能起到很好的防龋齿的功效，原浙江医科大学曾在浙江松阳县古市镇小学中进行用茶水漱口对龋齿发生率影响的实验，结果表明，用茶水漱口的学生患龋齿的比率要比不用茶水漱口的少80%。茶水漱口防龋齿的机理在于：首先，茶叶中的茶多酚对细菌有广泛的杀灭作用，从而能抑制细菌将口腔中的碳水化合物形成酸进而损害牙齿釉质表面；再者，茶叶中的氟含量较高，而氟是目前世界公认的防龋元素，通过漱口进入口

腔中的氟能使牙齿表面釉质中可溶性矿物质去矿质化和溶解度较低的结晶重新矿质化，从而增强牙齿对酸侵蚀的抵抗力。同时，氟可以转换牙齿中的羟磷灰石中的羟基，使它变为氟磷灰石，而氟磷灰石具有较强的抗酸腐蚀能力。此外，氟对变形链球菌也有较强的杀菌活力。因此，用茶水漱口，特别提倡少儿在饭后和吃甜食后用茶水漱口，可以杀灭口腔细菌和增强牙齿表面釉质的坚固度来达到防龋齿的功效。

36．茶树花有哪些用途

茶树花是茶树的生殖器官之一，于每年10月中下旬至11月中旬进入盛花期。茶树花一般为白色，少数淡黄色或粉红色，微有芳香。茶树花中含有丰富的蛋白质、茶多糖、氨基酸、维生素等多种有益成分和活性物质，对人体具有解毒、降脂、降糖、抗癌、滋补、养颜等功效；茶树花花粉具有“高蛋白、低脂肪”的特点，是人体优良的蛋白质和天然氨基酸的优质来源。因此，茶树花的用途很多，既可以直接制茶饮用、开发茶花粉产品，也可以用于提取茶多糖、超氧化物歧化酶（SOD）等功能性成分。

茶树花

37．茶渣有用吗

人们平时喝茶，只是饮用冲泡出的茶汤，而茶渣都会被丢弃；全国茶饮料、速溶茶生产公司每年会产生几十万吨的茶渣，这些茶渣也都会被废弃。殊不知，丢弃的茶渣中，仍然含有较多的营养成分。经过提取的茶渣仍残留1%～2%的茶多酚，0.1%～0.3%的咖啡碱，17%～19%的粗蛋白，16%～18%的粗纤维，还有一定量的氨基酸各种氨基酸，因此茶渣有较高的潜在利用价值。茶渣经干燥、粉碎和发酵后可制成茶渣饲料，有试验表明，在育猪日粮中搭配10%的茉莉花茶渣，可以代替日粮中2%的豆饼和8%的麦麸，从而降低饲料成本。将茶渣添加到马饲料中，马食用后，其毛发油亮发光，马体强壮。茶渣经堆肥化处理后，可以作为有机肥施用，能提高土壤肥力和改善土壤结构，斯里兰卡有试验表明，以茶渣作为肥料施于茶园，可以提高茶叶品质。中国民间也有将茶渣作为肥田和花肥的习惯。另外，平时喝剩的茶渣可以用来泡澡，具有软化角质，深层清洁肌肤的功效；喝剩的茶包可以用于敷眼，能消除黑眼圈；由于茶渣具有较强的吸附作用，将喝剩的茶渣晒干后放置在潮湿处，可以去潮，装入纱布袋中，放在冰箱、厨房、衣柜、鞋子或厕所中，可祛除异味；茶渣晒干后，还可以做成枕头，具有清神醒脑的作用等。

38．什么是“无我茶会”，其精神内涵是什么

“无我茶会”是一种茶会形式，由中国台湾陆羽茶艺中心蔡荣章先生建议和构思，其特点是参加者都自带茶叶、茶具、人人泡茶、人人敬茶、人人品茶，一味同心。1990年12月

“无我茶会”现场

18日进行了首届国际“无我茶会”。1991年10月14～20日，由中国、日本、韩国3国7个单位联合在福建省和中国香港进行了两次“无我茶会”。1992年11月12～17日在韩国汉城由韩国国际茶文化协会主办了第四届国际“无我茶会”。之后隔两年轮流在各处举办1次。“无我茶会”是一种“大家参与”的茶会，其精神内涵在于：无尊卑之分，无“求报偿”之心，无好恶之分，无地域流派之分，时时保持精进之心，遵守公告约定，培养集体的默契。

39. 庄晚芳先生倡导的“中国茶德”有何含义

中国著名的茶学家、茶树栽培学科的主要奠基人庄晚芳教授在国庆40周年前夕倡议推行“廉、美、和、敬”的“中国茶德”。这四个字的含义为：廉——廉俭育德，具体含义为“清茶一杯，推行清廉，勤俭育德，以茶敬客，以茶代酒”；美——美真康乐，其义为“清茶一杯，名品为主，共尝美味，共闻清香，共叙友情，康乐长寿”；和——和诚处世，其义为“清茶一杯，德重茶礼，和诚相处，搞好人际关系”；敬——敬爱为人，其义为“清茶一杯，敬人爱民，助人为乐，器净水甘”。庄先生提出的“中国茶德”在海内外中国茶人中影响巨大，被中国茶人奉为茶人行为、思想的守则。

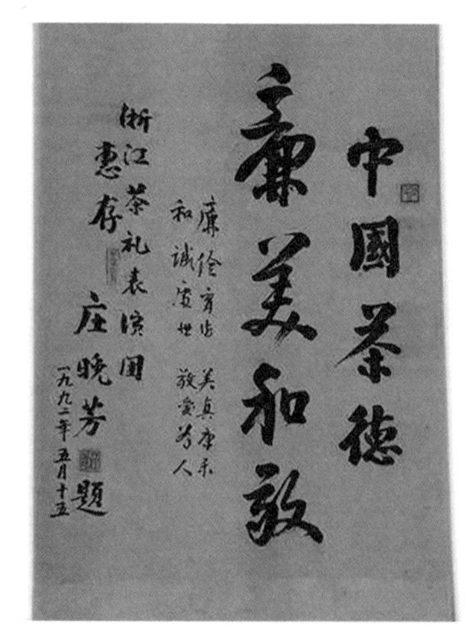

庄晚芳题词

40. 文人为什么喜喝茶

茶原产于中国，从古至今受到众多文人的喜爱，他们不仅将饮茶视为一件雅事，而且认为喝茶能醒脑益思、增进记忆、促发灵感。如唐诗人卢仝的《走笔谢孟谏寄新茶》中说："一碗喉吻润，两碗破孤闷。三碗搜枯肠，唯有文字五千卷。"北宋大文豪苏东坡一生坎坷，却嗜茶如命，由"戏作小诗君莫笑，从来佳茗似佳人"即可见诗人对茶的情有独钟。苏东坡的"意爽飘欲仙，头轻快如沐"，宋代文人吴淑在《茶赋》中论茶功的句子"涤烦疗渴，换骨轻身，茶荈之利，其功若神"等都说出了在文人心中茶是能消除烦忧，令头脑清醒之物。现代作家冰心、林语堂、姚雪垠等也都酷爱饮茶，且写有许多有关饮茶的文章。姚雪垠先生在《酒烟茶与文思》一文中写道"饮茶能不能帮助文思呢？我的回答是肯定的"，先生自己的饮茶习惯也非同一般，据他在文章中记述，他每天二三点钟起床，洗漱完毕，就要泡上一杯浓浓的龙井茶，在书桌前坐定后，喝上半口，待咽下这半口茶后，新一天的工作和生活就开始了。从这一段文字中可以看出，先生每天的创作工作从茶开始，他的文学创作成绩也与茶的功效密不可分。

参考文献

李叶云，江昌俊，王秀丽，2002．茶多酚的生物活性及药理学研究进展[J]．安徽中医药大学学报，21（5）：57−60．

杨晓萍，覃筱燕，2013．茶多酚药理活性的研究进展[J]．中央民族大学学报（自然科学版），22（3）：24−28．

刘伟，周洁，龚正礼，2013．茶黄素的功能活性研究进展[J]．食品科学，34（11）：386−391．

沈丽萍，刘智敏，刘春丽，2015．红茶中茶红素生物学活性研究[J]．北京农业，（5）：4，76．

李山，吴周和，吴正奇，等，2016．茶红素的理化特性及生物学活性研究进展[J]．食品与发酵工业，42（8）：273−278．

刘忠英，潘科，沈强，等，2017．茶褐素的组成结构与功能活性研究进展[J]，食品工业科技，38（5）：396−400．

石亚亚，贾尚智，闵彩云，2010．茶氨酸保健功能研究进展[J]，氨基酸和生物资源，32（1）：52−56．

刘洋，李颂，王春玲，2016．茶氨酸健康功效研究进展[J]，食品研究与开发，37（17）：211−214．

易超然，卫中庆，2005．咖啡碱的药理作用和应用[J]．医学研究生学报，18（3）：270−272．

李海霞，陈榕，周丹，等，2011．咖啡碱的合成及其药理作用的研究进展[J]．华西药学杂志，26（2）：182−187．

张黎，杨艳，2013．茶多糖药理活性研究进展[J]．中国实用医药，8（16）：255-257．

刘洋，2016．茶多糖提取纯化及其生物活性研究现状[J]．黑龙江科技信息，(18)：115-116．

靳伟刚，张洋，罗鋆琳，等，2011．茶渣资源的开发与利用——茶叶蛋白肽的功能性研究[J]．中国食品学报，11（5）：52-58．

华炜，2006．茶蛋白降血脂及抗氧化作用的实验研究[J]．达能营养中心学术年会．

刘洪，胡蝶，2017．茶皂素的结构和生物活性研究进展[J]．湖南农业科学，(5)：119-122．

夏辉，田呈瑞，2007．茶皂素提取纯化及生物活性研究进展[J]．粮食与油脂，(6)：41-43．

施梦南，龚淑英，2012．茶叶香气研究进展[J]，茶叶，38（1）：19-23．

田光辉，刘存芳，赖普辉，等，2007．茶叶挥发性成分及其生物活性的研究[J]．食品科技，(12)：78-82．

李浩榕，王亚楠，范春雷，2011．表没食子儿茶素没食子酸酯抑制LDL的氧化修饰和小鼠巨噬细胞摄取ox-LDL[J]．中国药理学通报，27（4）：584-585．

王申五，韩驰，2001．茶色素抑制单核-内皮细胞粘附及其机制研究[J]．卫生研究，30（1）：44-46．

刘礼军，杜万红，2014．茶叶抗衰老机制研究进展[J]．现代预防医学，41（14）：2537-2539．

傅冬和，刘仲华，黄建安，2004．茶叶减肥降脂机制研究进展[J]．中国茶叶，26（2）：8-10．

许靖逸，崔修丹，陈昌辉，等，2013．六大茶类对部分肠道致病菌抑菌效果的研究[J]．食品工业科技，34（16）：140-142．

刘荣珍，李凤文，赵鹏，等，2005．绿茶对小鼠通便作用的研究[J]．实验动物科学，22（4）：4-5．

吴香兰，刘仲华，曹丹，等，2013．茯砖茶对小鼠肠道免疫功能调节作用的研究[J]. 茶叶科学，(2)：125−130.

岳随娟，刘建，龚加顺，2016. 普洱茶茶褐素对大鼠肠道菌群的影响[J]. 茶叶科学，36（3）：261−267.

刘智伟，曾本华，张晓婧，等，2015. 茶多酚饮食对HFA小鼠肠道菌群和脂肪代谢的影响[J]. 中国食品学报，15（6）：26−31.

王春风，刘建国，张绍伟，等，2008. 茶多酚治疗口腔疾病的研究现状[J]. 口腔医学研究，24（5）：591−593.

黄诗言，程远，赵蕾，2013. 茶黄素防治口腔疾病研究进展[J]. 中国实用口腔科杂志，6（10）：624−628.

任蕾，杨圣辉，果梅英，2011. 六种茶叶对口腔常见致病菌的抑菌作用[J]. 中国民族民间医药，11（8）：91−93.

孙璐西，黄成荣，1996. 各种茶叶的除口臭效果[J]. 中国茶叶，(4)：28−29.

胡逸君，竹剑平，2009. 茶多酚治疗产后便秘52例临床疗效观察[J]. 海峡药学，21（6）：162−163.

张晋蔚，2014. 槲皮素通便功能机制研究及松针槲皮素提取工艺的优化研究[J]. 广州医科大学.

马森，陈培珍，游玉琼，等，2007. 武夷岩茶抗疲劳抗氧化作用研究[J]. 食品科学，28（8）：484−486.

廉志顺，刁飞燕，王秋丽，等，2011. 普洱茶抗疲劳功效与贮存期关系研究[J]. 卫生研究，40（3）：387−388.

李修振，2016. 普洱茶对田径运动员抗疲劳作用分析[J]. 福建茶叶，38（4）：382−383.

冯燕玲，2015. 茶多糖对免疫抑制小鼠腹腔巨噬细胞与脾淋巴细胞免疫功能的影响[J]. 南昌大学.

沈健，陈增良，沈香娣，等，2007. 茶多糖抗肿瘤及其增强免疫作用的研究[J]. 浙江预防医学，19（8）：10−12.

刘家奇，2013. 不同类茶对高脂模型大鼠减肥和防治非酒精性脂肪肝作用的研究[J]. 云南农业大学.

李报春，牟爱平，王世华，2007．茶色素治疗支气管哮喘的疗效[J]．实用医药杂志，24（8）：897－898．

杨青，王尧，李里香，等，2012．茶多酚对哮喘大鼠气道炎症和气道重塑的干预研究[J]．天津医药，40（11）：1138－1141．

杨子良，骆丹，林秉奖，等，2014．绿茶多酚对人皮肤成纤维细胞UVA氧化损伤的保护作用及机制研究[J]．中国中西医结合皮肤性病学杂志，13（4）：207－209．

高爱莉，江娜，刘清，等，2015．探讨姜黄素和茶多酚对不同时间UVB致无毛鼠急性光损伤的防御作用[J]．中国比较医学杂志，（5）：9－12．

刘林刚，2009．茶多酚对UVB诱导豚鼠皮肤色素沉着的抑制作用研究[J]．中国美容医学杂志，18（5）：671－673．

李欣欣，莫红梅，马晓慧，等，2012．普洱茶提取物对自发性高血压大鼠降压研究[J]．茶叶科学，32（5）：457－460．

金国梁，陈月明，杜煦电，1991．养生治病茶疗方[M]．上海科学技术出版社．

吴顺忠，2011．茶宴飘香[J]．四川烹饪，（11）：42－43．

沈农夫，1992．茶馔二十款[J]．烹调知识，（5）：30－31．

素琴，1999．茶馔清心[J]．中国烹饪[J]，（3）：30．

屠幼英，2011．茶与健康[J]．世界图书出版公司．